国家大科学装置

中国散裂中子源园区建筑设计

Scientific Apparatus of the State

China Spallation Neutron Source Campus Architectural Design

广东省建筑设计研究院
Architectural Design and Research Institute of Guangdong Province

主编 曾宪川 陈朝阳 孙礼军 廖 雄
Chief Editors Zeng Xianchuan Chen Zhaoyang Sun Lijun Liao Xiong

U0389474

中国建筑工业出版社
CHINA ARCHITECTURE & BUILDING PRESS

图书在版编目（CIP）数据

国家大科学装置中国散裂中子源园区建筑设计／曾
宪川等主编. -- 北京：中国建筑工业出版社，2019.3
　ISBN 978-7-112-23237-6

　Ⅰ．①国… Ⅱ．①曾… Ⅲ．①散裂反应－中子源－实
验园地－建筑设计－中国 Ⅳ．① TU244.5

中国版本图书馆 CIP 数据核字（2019）第 021128 号

责任编辑：费海玲　焦　阳
特邀策划：叶　飚
摄影总监：叶　飚
翻　　译：黄健茵　何　炜
版面设计：叶仲轩　张文文　麦韵心　刘　澳
责任校对：王　烨

策划：维捷·机域设计传播顾问公司

国家大科学装置　中国散裂中子源园区建筑设计
广东省建筑设计研究院
主编　曾宪川　陈朝阳　孙礼军　廖　雄
＊
中国建筑工业出版社出版、发行（北京海淀三里河路 9 号）
各地新华书店、建筑书店经销
广州维图轩广告设计有限公司制版
恒美印务（广州）有限公司印刷
＊
开本：889×1194 毫米　1/12　印张：14　字数：363 千字
2019 年 3 月第一版　2019 年 3 月第一次印刷
定价：228.00 元
ISBN 978-7-112-23237-6
　　　（33307）

谨以此书向参与国家重大工程——

中国散裂中子源园区设计和建设者致敬！

This book is dedicated to the designers and builders of the National Major Project——

China Spallation Neutron Source Campus!

前言

国家大科学装置——中国散裂中子源是国之重器。

中国散裂中子源园区作为国家大科学装置的重要载体，建成后使中国拥有了第一个散裂中子源实验基地，进入世界四大拥有散裂中子源行列的国家，为国内外科学家提供了世界一流水平的中子科学综合实验平台。

列入国家"十二五"科技创新能力建设重点的中国散裂中子源项目落户广东省东莞市，是首次在我国华南地区建设的国家大科学装置，有利于优化科研设施在全国的布局，增强我国南方省份的科研创新能力了，对于贯彻国家中长期科技发展规划、改变经济增长方式、实施科教兴国战略，发挥了示范作用。

以可持续发展观为引领，以国家经济、科研效益、文化、环境等多方面的全面协调发展为目标，合理地制定国家大科学装置实验园区的规划和建筑设计原则，并在规划和建筑设计全过程中充分贯彻实施，才能使国家大科学装置实验园区建成具有中国特色、地域特色的世界瞩目的科研基地。对中国散裂中子源实验园区的规划及建筑设计实践的总结和分析，充分地说明了这一点。

大科学装置建筑是一种独特的建筑类型，目前尚无专门的建筑设计标准和规范。散裂中子源主装置的工艺流程对建筑设计的要求极其复杂，给建筑设计带来了很多技术难题。为了解决这些技术难题，使建筑设计达到主装置工艺要求的设计目标，必须采用大量的建筑设计新技术去应对，建筑设计的过程同时也是开展建筑技术科学研究的过程。设计散裂中子源大科学装置这一独特类型的建筑，推进了建筑技术行业的进步和发展。

本书以中国散裂中子源为例，对国家大科学装置实验园区的总平面规划设计、实验园区的建筑设计及关键的建筑技术进行了总结和分析。

随着我国经济的腾飞，国际前沿科学技术大发展的时代已经来临，不同类型的国家大科学装置工程项目将不断出现。可以预见，未来对国家大科学装置实验园区的规划及建筑设计将会有更多、更深入的探索和研究。

China Spallation Neutron Source (CSNS), the Scientific Apparatus of the State.

As the important carrier of the Scientific Apparatus of the State, the successful build up of CSNS Campus is the benchmark of China's first Spallation Neutron Source experimental base. It makes China become one of the four countries which possess Spallation Neutron Source, and provides a world-class comprehensive experimental platform of neutron science for scientists all over the world.

Located in Dongguan City of Guangdong Province, CSNS is listed as the priorities of technological innovation capacity construction of China's "12th five-year plan", which is the first Scientific Apparatus of the State constructed in southern China. It also works to optimize the overall arrangement of research facilities throughout China, enhance the scientific and technological innovation capacity of southern provinces, and plays an exemplary role in following the national medium and long term science and technology development plan, changing economic growth mode and implementing the strategy of invigorating China through science and education.

Taking the sustainable developmental ideology as guide, and comprehensive and coordinated social development of China economy, science research effect, culture and environment etc. as target, only by establishing reasonable principle for planning and architectural design of CSNS experimental Campus of Scientific Apparatus of the State, and fully implementing the entire process of planning and architectural design, the CSNS experimental Campus of Scientific Apparatus of the State can become the world-focusing scientific research base

with Chinese and regional characteristics. The summary and analysis on the planning and architectural design practice of CSNS experimental Campus has well explained this.

Scientific Apparatus Architecture is a unique architecture type, and there is no specific standard and criterion for the architectural design at the moment. The requirement for the architectural design of the technological process of Spallation Neutron Source main installation is so complicated that it brings many technical challenges to the project. In order to resolve these technical problems to meet the design goal according to the technical requirement of the main installation, a mass of new technologies of architectural design must be adopted to cope with the situation. The process of architectural design is also the process of implementing architectural technical and scientific researches. The progress and development of architectural technology industry is promoted by designing the unique architecture of CSNS Scientific Apparatus.

The CSNS has been taken as an example to summarize and analyze the master planning and architectural design & key architectural technology of the experimental Campus of the Scientific Apparatus of the State in this book.

In the wake of China's soaring economy, the age of international frontier science and technology development has arrived, and engineering projects of the Scientific Apparatus of the State in different types will keep emerging. It is predicable that there will be more and deeper explorations and researches on the planning and architectural design of the experimental Campus of the Scientific Apparatus of the State in the future.

目录
Contents

晨曦中的中国散裂中子源园区

晨光映照的中国散裂中子源园区

朝晖穿透综合实验楼形成光影散落在中国散裂中子源园区

直线设备楼

RCS 设备楼

靶站设备楼

金光万缕的斜阳满布中国散裂中子源园区

中国散裂中子源园区沐浴在霞光瑰丽中

夕阳透过中国散裂中子源园区入口广场高大的门楼展现出赤朱丹彤的目眩景色

日落桑榆、彩霞连天时，中国散裂中子源园区仍在灯火通明地运转着

CSNS
中国散裂中子源

中国散裂中子源园区鸟瞰效果图

航拍中国散裂中子源园区

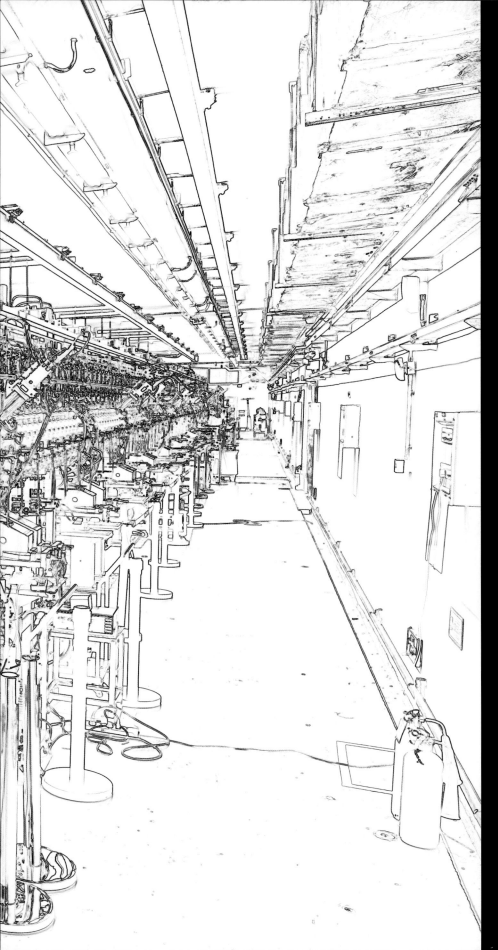

国家大科学装置

中国散裂中子源园区建筑设计

Scientific Apparatus of the State
China Spallation Neutron Source
Campus Architectural Design

1. 国家大科学装置
Scientific Apparatus of the State

　　国家大科学装置是指通过较大规模投入和工程建设来完成，建成后通过长期的稳定运行和持续的科学技术活动，实现重要科学技术目标的大型设施。其科学技术目标必须面向国际科学技术前沿，为国家经济建设、国防建设和社会发展作出战略性、基础性和前瞻性贡献。

　　作为国家持续发展的支撑条件，我国正在建立宏大的创新体系。建立科技基础条件平台是国家创新体系建设的重要内容，国家大科学装置则是国家科技基础条件平台的重要组成部分。

　　我国的国家大科学装置有著名的北京正负电子对撞机及北京同步辐射装置、合肥同步辐射装置、兰州重离子加速器与冷却储存环装置、上海光源装置和新建成的中国散裂中子源等，这些大科学装置，对我国基础科学研究和经济社会发展发挥了重要作用。

2．中国散裂中子源
China Spallation Neutron Source（CSNS）

中国散裂中子源项目（CSNS）是我国最新建成的国家大科学装置，是国际前沿的高科技、多学科应用的大型研究平台，也是国家发改委"十二五"科技创新能力建设重点立项的国家重大科技基础设施之一，它与世界正在运行的美国散裂中子源、日本散裂中子源、英国散裂中子源一起，构成世界四大散裂中子源，成为世界一流的中子散射多科学研究平台，为国内外科学家提供了世界一流的中子科学综合实验基地。

中子是组成原子核的基本粒子之一，它具有磁矩、穿透性，以及能够精确测得分子结构中的氢原子位置，同位素和其他轻原子等的特性，这些特性使中子的散射成为研究物质结构和动力学性质的理想探针之一，是多学科研究中探测物质微观结构和原子运动的强有力手段。中子散射技术正是通过测量散射出来的中子能量和动量的变化，研究各种物质的微观结构和运动规律的。

散裂中子源可应用在物理、生命科学、医学、环境科学等学科领域，并为我国在信息技术、生物技术、纳米与先进材料技术、先进能源技术，如可燃冰、洁净核能等这些世界科技前沿的创新研究，提供持续发展的基础平台。

中国散裂中子源项目的建设，改善了我国的科技基础设施水平，提升了我国相关基础科学和高技术领域的原始创新能力，引领了未来科技进步，对南方各省、全国以及世界范围内产生了长期、巨大的科学影响及社会、经济效益。

项目一期主装置包括 1 台 80MeV 负氢离子直线加速器、1 台 1.6GeV 快循环质子同步加速器、两条束流运输线、1 个靶站、3 台中子谱仪及相应的配套设施和土建工程。

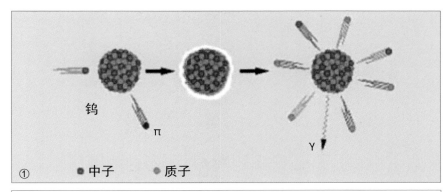

① 散裂中子源是一个用中子来了解微观世界的工具。当一个高能质子打到重原子核上时，一些中子被轰击出来，这个过程被称为散裂反应
② 散裂中子源 CSNS 与日常其他辐射源的剂量对比
（资料来源：中国科学院高能物理研究所）

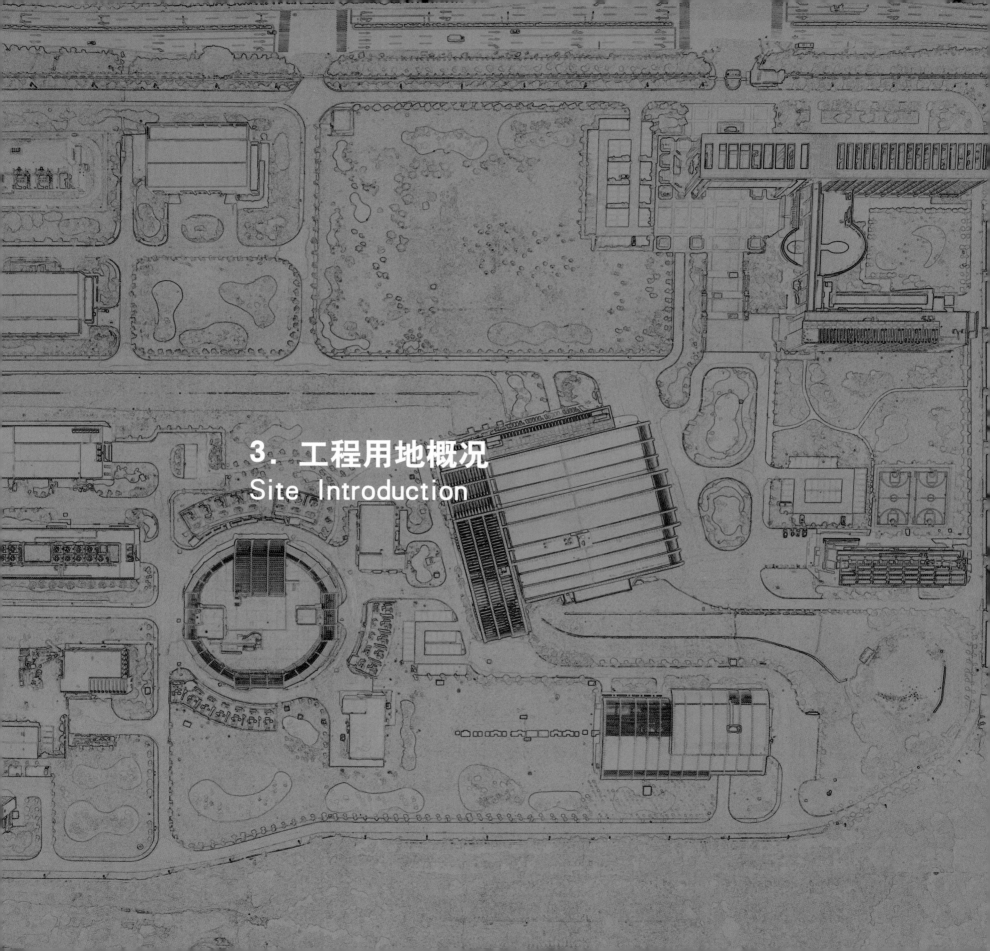

3. 工程用地概况
Site Introduction

中国散裂中子源工程用地位于广东省东莞市大朗镇水平村南，毗邻松山湖科技产业园区。园区用地北边的19m宽的市政规划道路，向西连接东莞市大朗镇利华西路、象和路，向东连接屏安路及常虎高速公路松山湖入口，向北进入水平村，是园区与外界联系的主要道路。该市政规划路是园区与外界主要的交通联系道路，使园区的设备运输、人员进出更为便利，也使本园区拥有高效便捷的城际交通。

项目建设用地为东西向长约 600m，南北向宽约 450m，用地总面积为 267622m^2，工程项目总建筑面积为 69823.8m^2。

项目用地范围内分布有山丘、水塘、果林等，果林以岭南佳果荔枝果树为主，自然植被良好，环境宜人。园区用地内平整的用地相对较少，丘陵山地较多，地势高差变化较大。用地最高处海拔约 126m，位于南面；海拔最低处约 26m，场地高差高达 100m。场地内土质较好，多为岩石，建设时需使用爆破及其他方式进行场地平整，土方量较大，场地周围及场地内多处需要考虑护坡，场平情况较为复杂。

项目基地范围内丰富的景观果园资源，为营造富有特色的园区生态环境创造了较为有利的条件。

① 中国散裂中子源（CSNS）项目的园区工地
（资料来源：中国科学院高能物理研究所）

4. 中国散裂中子源园区选址
Location of the CSNS Campus

国家大科学装置园区的选址是非常复杂的，影响因素很多，以国家大科学装置的全国战略布局及国家全面协调发展、地区经济、社会影响、科研效益、地域文化、自然环境等为主要因素。

除上述主要因素外，还因为大科学装置自身的特殊工艺，对建设场地现状的地质结构、地形条件、场地高程、周边环境、交通运输条件、市政设施等有特殊的要求。

中国散裂中子源落户广东，是我国首次在华南地区建设国家大科学装置，有利于优化科研设施在全国的布局，增强我国南方省份的科研创新能力。

广东省东莞市大朗镇水平村南面的建设用地，外部拥有便捷的高速公路及其他快速交通的引导和支撑。建设用地和周围环境有丰富的景观、林木资源，具备营造富有特色的国家大科学装置园区的绿色生态环境等有利条件。

园区的丘陵山地，有利于配合散裂中子源主装置工艺要求开展场地高程设计，尤其是满足主装置隧道对地基沉降量的要求。通过场地内多个不同标高的台地设置，尽量减少土方工程量及边坡的高度。

① 项目园区正门街景
② 项目园区外围街景

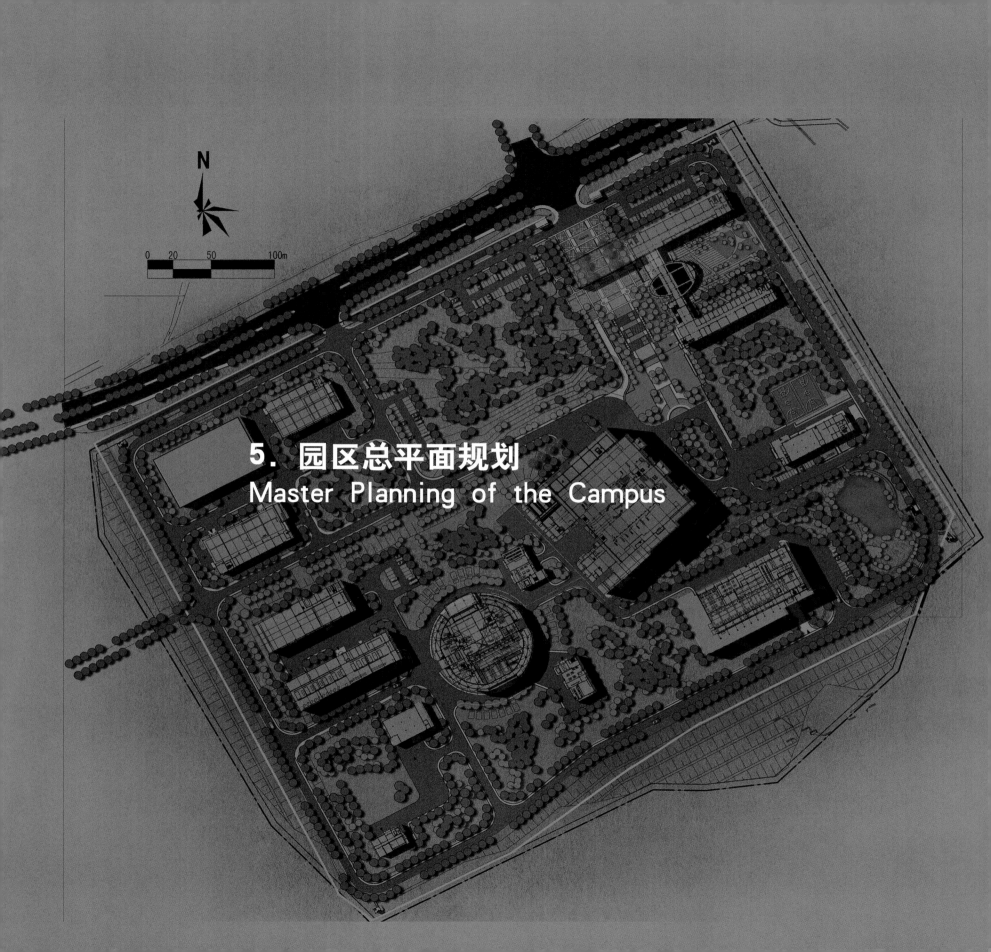

5. 园区总平面规划
Master Planning of the Campus

尊重当地的总体规划，园区的建筑总平面布局应严谨规整，各区的建筑应按工艺及使用要求布置，充分体现科研范畴的理性和秩序，并融入南方建筑的地域特色，以创造高效的、富有科研氛围的现代科学园区，作为国家大科学装置中国散裂中子源园区总平面规划的总目标。

5.1 总平面布局的原则
Principle of Master Planning

中国散裂中子源园区总平面布局的原则是：

(1)总体规划必须满足主装置设备的工艺及流程要求；

(2)充分利用建设用地的地形地貌、气候及周边环境的自然条件；

(3)以实用、大气、生态、节能的设计原则统一考虑全园区的建筑风格；

(4)在总平面布局上，必须分区合理、流线清晰便捷；

(5)充分考虑园区整体一次规划、未来可持续发展的特点，在各区都留出预留发展用地。

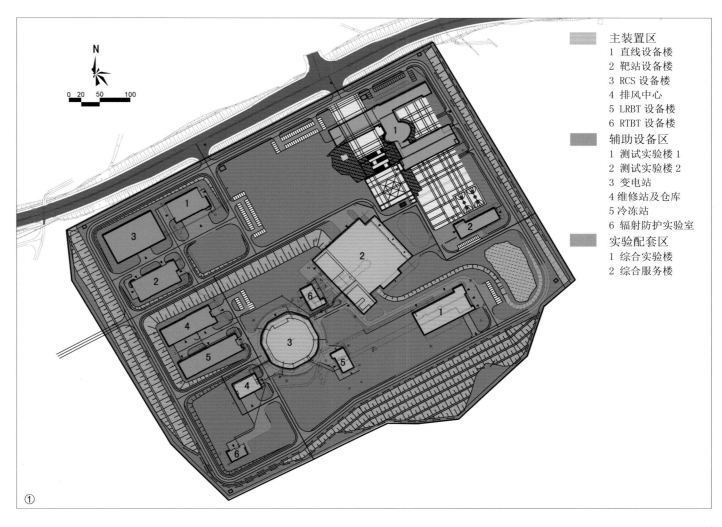

主装置区
1 直线设备楼
2 靶站设备楼
3 RCS 设备楼
4 排风中心
5 LRBT 设备楼
6 RTBT 设备楼

辅助设备区
1 测试实验楼1
2 测试实验楼2
3 变电站
4 维修站及仓库
5 冷冻站
6 辐射防护实验室

实验配套区
1 综合实验楼
2 综合服务楼

① 总平面图

①

5.2 园区总平面布局
Campus Master Planning

国家大科学装置园区根据不同使用功能分为三大功能区：主装置区、实验配套区和辅助设备区。主装置区是实验装置的核心部分，也是整个园区的中心建筑群；实验配套区是实验装置的办公及辅助生活相关的建筑物，其功能以对外交流及办公为主，包括综合实验楼和综合服务楼等；辅助设备区是由实验装置的辅助设备的建筑物组成，通常有辐射防护实验室、冷冻站、维修站及仓库、测试实验楼和变电站等。

在总体布局中，大科学装置园区的主装置区、实验配套区和辅助设备区三大功能区之间的关系，以主装置区为核心，必须充分满足主装置设备的工艺及流程的要求，各功能区之间既相互独立，又便于联系，功能区之间流线清晰便捷，以利于实施各项科研活动。根据工艺要求、地形地貌、气候及周边环境合理布局，采取多样化的空间形式，着力营造出良好的生态氛围、绿色氛围和科研氛围，使之在和谐中求统一，统一中见特色。

根据总体规划以满足加速器主装置的工艺要求为首要设计原则，综合考虑 CSNS 实验装置的特点，及其与辅助实验设施的工艺联系、场地现状的地形条件、周边环境、运输条件、分期建设的要求等各方面因素，把 CSNS 主装置区各实验设备楼及实验隧道布置在基岩埋深适宜、均匀的岩石地基上，以满足稳定及承重要求。

整个园区围绕加速器装置进行布局，建筑物根据使用功能成组布置，同时考虑内外分区，动静分隔，疏密有致，高低错落又相互渗透。

主装置区的工艺对工程地质要求高，设置在地基条件优良的园区中部和南部。主装置区是实验装置的核心部分，也是整个园区的中心建筑群，建筑物主要包括：直线设备楼及隧道、RCS 设备楼及隧道、靶站谱仪大厅及设备楼、RTBT 设备楼及隧道、LRBT 设备楼及隧道、排风中心几个部分。其中，RCS 设备楼位于园区西南部，直线隧道及设备楼在其东南侧向东直线展开，靶站及谱仪大厅则位于其东北部向东展开，整个主装置区呈 U 字形布置。根据场址地形地貌、工程地质、工艺要求等条件，CSNS 主装置均布置在园区中的挖方区域，地基条件良好。

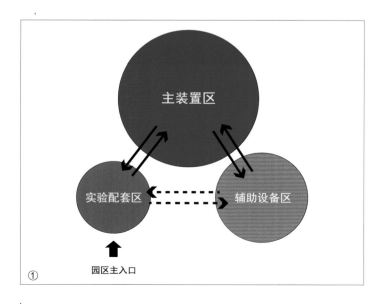

① 园区主入口

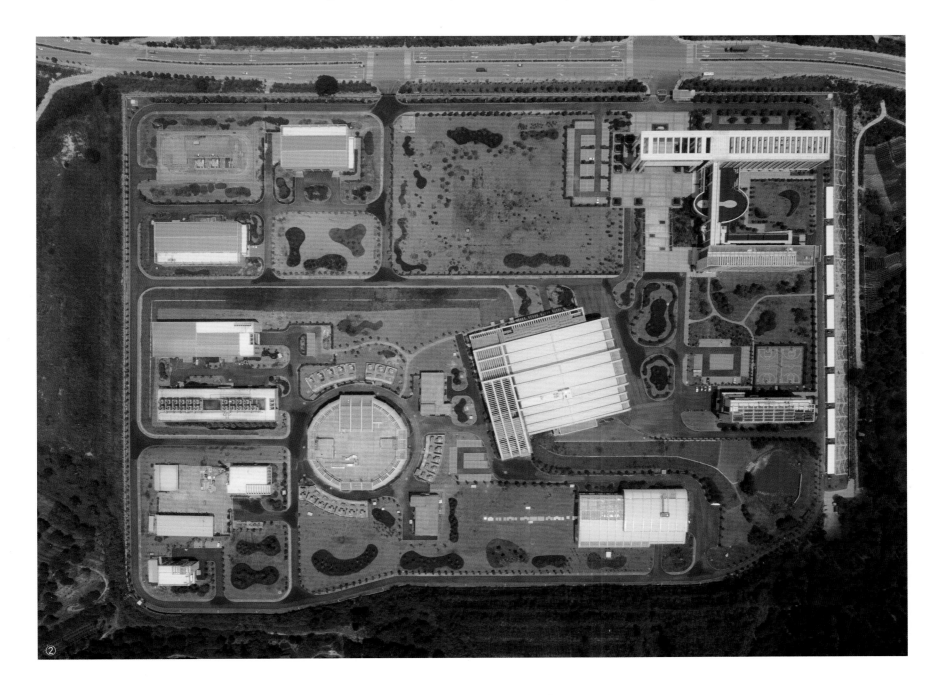

②

① 国家大科学装置园区三大功能分区及关系图
② 中国散裂中子源（CSNS）-园区高点整体航拍

① 中国散裂中子源（CSNS）-园区东侧航拍

② 中国散裂中子源（CSNS）-主要建筑低点航拍

③ 中国散裂中子源（CSNS）-主装置区建筑航拍

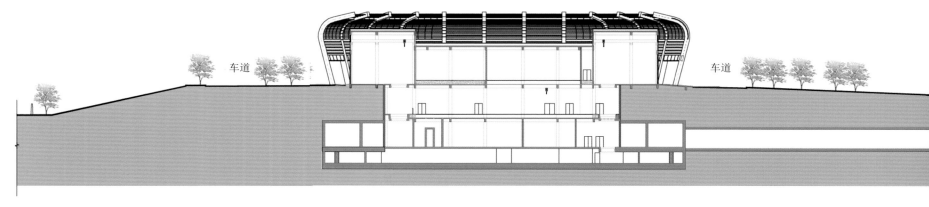

① 　　　　　　　　　　　　　　　　　　　　RCS 设备楼

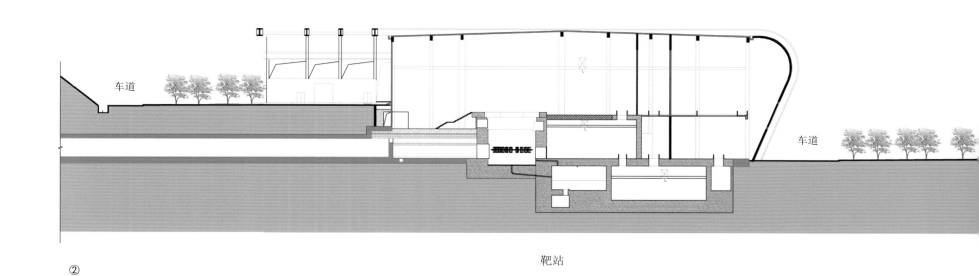

② 　　　　　　　　　　　　　　　　　　　　靶站

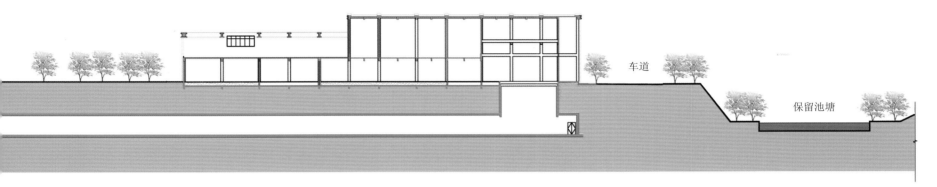

直线设备楼

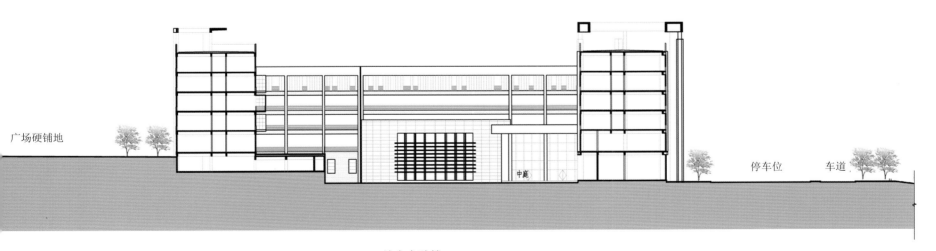

综合实验楼

①、② 各主体建筑的室内外建筑设计结合场地标高而变化

实验配套区为实验装置的办公及辅助生活相关的建筑物，布置在园区的东北侧，靠近园区主入口；功能以对外交流及员工办公为主，包括综合实验楼和综合服务楼。实验配套区组合楼群便于创造良好的人文景观，园区工作或参观的路线均由此展开，符合园区的使用和形象塑造要求；另外通过绿化场地与装置试验区相对隔离的布置，能够为研究人员提供相对安静、独立而又惬意的工作、交流和休息场所。综合实验楼主要是办公、会议室、实验室等功能用房，靠近园区主入口布置；综合服务楼在综合实验楼南面，与之平行布置，并以连廊和综合实验楼连接，主要布置招待所、休闲运动用房、食堂餐厅等功能用房。整个办公生活区各单体建筑之间，结合场地标高变化以及场地内原有的泉眼、水系设置环境优美的岭南园林，为日常的办公、生活营造舒适的室外环境。

辅助设备区位于园区西侧，临近主装置区，其中由南向北分别布置了辐射防护实验室、排风中心、冷冻站、维修站及仓库、测试实验楼和变电站等，构成通用设施区，尽可能缩短与主装置区建筑物之间的服务距离；变电站由供电部门负责管理，布置在用地西北角，相对独立，临近用地边界，便于市政电路引入，也从景观上减少对园区的干扰。测试实验楼布置在场地西北侧，并留有一块预留建设用地，用于下一阶段测试实验楼的建设，在一期工程建设期则作为临时仓库的用地。辐射防护实验室、排风中心和排风塔等实验废气废物排放、储存等设施布置在园区西南角相对偏远的位置，与其他建筑间通过道路及绿化带进行隔离，并处于常年主导风向的下风向，以利于管理并可减少对园区的影响。

未来可持续发展是国家大科学装置园区总平面布局的一大特点，必须充分考虑园区整体一次规划，在建筑整体规划布局上，除了园区分区合理、流线清晰便捷外，在各区都留出了预留发展用地。

① 实验配套区
② 综合实验楼
③～⑤ 综合实验楼和综合服务楼的会议室、多功能会议厅、会议中心

中国散裂中子源园区建筑总平面布局具有以下特点：

(1)合理的分区规划

中国散裂中子源园区总平面规划以满足加速器主装置的工艺要求为首要设计原则，在总体规划布局中园区进行了合理布局，主装置区、实验配套区和辅助设备区等三大功能分区划分明确，三大功能分区之间的各种流线和园区对外的流线清晰，便于实施各项科研活动。

(2)有效控制场地高程

园区的场地高程设计重点在于如何配合 CSNS 主装置的工艺要求，尤其是满足主隧道对地基年沉降量的要求。由于场地的高差较大及 CSNS 主装置对地质的特殊要求，主装置隧道底的标高决定了园区形成了半填半挖的土方平衡形式，因而产生大量的边坡。综合考虑 CSNS 主装置的标高、土方平衡及建设边坡的工程量，场地内通过多个不同标高的台地设置，尽量减少土方工程量及边坡的高度。同时，功能关系密切的建筑物设在同一台地上，或在不同台地上通过连廊以及室外的台阶相连接，方便科研人员到达各建筑物。

根据现有场地地质资料，考虑到 CSNS 主装置的防洪要求、基岩埋置深度、土方平衡量及其造价等因素，结合工艺和结构的要求，同时兼顾常虎高速、规划市政道路与园区的关系，园区大致分为 5 个不同高程的台地，场地高程得到有效的控制。

(3)建筑空间与环境相结合

整个园区建筑依山而建，在满足主装置建筑的结构要求的同时，尽可能地保留了原有的山地特色，将建筑空间与环境融为一体。

建筑物根据使用功能成组布置，同时考虑内外分区，动静分隔，疏密有致，高低错落又相互渗透。采取多样化的空间形式，着力营造出良好的生态氛围、绿色氛围和科研氛围，使之在和谐中求统一，统一中见特色。

园区建筑空间与环境设计分成了几个层次，按照科研人员的使用流线从东到西做了不同的布置。东侧主入口处是园区主干道，大道两侧高大乔木彰显园区大气醒目，突出国家大科学工程的庄重；大道两侧乔木下设计人行道，低矮灌木、铺地、步汀、座椅追求自然趣味，尺度宜人；主干道旁侧是综合服务楼和综合实验楼前的入口广场，建筑空间开阔，透过建筑高大的架空门洞形成的景框正对办公楼后面的靶站谱仪大厅，符合使用者的行动路线。穿过架空门洞，L 形布置的办公楼、服务楼和靶站谱仪大厅围合形成的梯形院落是人员活动比较集中的场所，结合地势起伏，精心设计雕塑、花坛、台阶等小品，结合建筑空间处理，使室内外环境合理衔接，架空廊道、落地玻璃窗把阳光和山色树影引入室内，穿插阳台小巧灵秀，雅致活泼。

整个实验配套区各单体建筑之间，结合场地标高变化以及场地内原有的泉眼、水系设置环境优美的岭南园林，为日常的办公、生活营造舒适的室外环境。

① 主干道旁侧是综合服务楼和综合实验楼前的入口广场

② 直线设备楼、RCS 设备楼、靶站实验楼及其他设备楼等各个建筑沿主装置设备的工艺流线布置

5.3 道路交通规划
Traffic Planning

大科学装置园区道路交通组织的设计原则：

(1)满足工艺要求，线路短捷，人流、货流组织合理；

(2)有利于提高运输效率，满足实验工作条件，运行安全可靠，并使园区内、外部运输、装卸、贮存形成一个完整、连续的运输系统；

(3)合理地利用地形，尽量保留原有地形的自然环境；

(4)园区内道路兼作消防通道，满足消防要求。

中国散裂中子源园区设有三个出入口，场地东北角为园区主入口，以人行和小车为主；用地北面偏西处设置次入口，主要是大型货运车辆通行，两个入口分别与常虎高速路旁的市政规划道路相接，使园区与外界实现人流和货运流线分开，使交通流线更加合理、安全；场地西面的出入口通向散裂中子源项目二期，作为以后二期发展后整个园区间的联系。用地内沿场地四周设置7m宽环形车行主干道，环形主干道连接园区出入口和各功能分区，同时兼顾人流与车流；园内部其他车道路宽7m，满足大型货运车辆对实验装置设备运输的要求，在园区的主要道路上均单侧设置2m宽的人行通道，用作科研人员的步行系统，园区内的部分道路可作为消防车通道。

停车场地综合考虑地面与室内停车相结合的方式。室内停车场设置在科研人员使用最频密的综合办公楼下，方便科研人员日常使用，室内停车场的出入口设在综合办公楼东面。地面停车考虑了各个使用区域的需求，设置在各建筑物旁结合绿化布置小车与大型货车停车位。在其他区域还零散设置地面停车位，在综合实验楼和综合服务楼旁设置两个自行车停车场，满足工作人员的使用需要。

① 靶站实验楼、直线设备楼、RCS 设备楼及其他辅助设备区等各个建筑

② 池塘、辅助生活楼、靶站实验楼、直线设备楼

③ 园区人行主通道

5.4 园区竖向设计
Vertical Design of the Campus

中国散裂中子源项目的园区总体规划最大限度地保持用地内原有的地形地貌，竖向设计在满足科学装置工艺及使用要求以及园区内地质情况的前提下，基本尊重原有地势的坡度走向，合理设置主装置所在的台地标高，把主装置设置在岩面上以保证实验装置设置在稳定的基岩上，以保证主装置的正常运行。

园区内主要分出 RCS 设备楼、直线设备楼、维修站及仓库以及冷冻站等建筑物为主的 55.50m 标高台地；靶站、办公服务楼等形成的 42.50m 标高的台地以及变电站、测验实验楼等建筑物形成的 40.10 ~ 42.00m 标高的台地，这三大台地使园区形成高低错落，变化有致的园区空间景观效果。

园区内的道路结合地势和景观布置，道路坡度在 0.8% ~ 4.3% 之间，避免过大的坡度影响大型运输车辆的通行，满足规范要求及大型货车的通行要求。

各地块依据地形高低变化，形成以 RCS 设备楼所在台地为制高点，向北、向东面逐渐降低的态势，各台地间的高差通过 1 : 1 到 1 : 2 之间的坡度采用自然放坡的方式形成土坡，并对土坡进行绿化处理，使园区的地台高差形成自然的绿化过渡。用地周围的山体等均设置护坡来解决外部环境与场区间的高差，并通过绿化使护坡与周围山体以及厂区内的环境融为一体，结合场地内原有的泉眼水系，营造出具有岭南特色的科技园区。

① 地面停车考虑了各个使用区域的需求，设置在各建筑物旁结合绿化布置小车与大型货车停车位
② 东北角为园区主入口，以人行和小车为主，并与常虎高速路旁的市政规划道路相接
③ 用地内沿场地四周设置 7m 宽环形车行主干道，环形主干道连接园区出入口和各功能分区，同时兼顾人流与车流
④ 各地块依据地形高低变化，形成以 RCS 设备楼所在台地为制高点，向北、向东面逐渐降低的态势

④

5.5 景观绿地规划
Landscape and Greenbelt Planning

园区景观绿地系统规划充分考虑并利用了原有自然景观的条件，遵循"自然、山水、园区于一体"的规划理念，景观绿化设计以简洁朴实为原则，不加刻意雕饰，但求自然节约，营造出一种宜人的绿色生态的科研环境。

中国散裂中子源园区场地所在的丘陵地带位于风景优美的松山湖区，植被覆盖茂盛，水塘星罗棋布，起伏平缓的小山丘上种植着大片的荔枝林，自然景观极为优美。

由园区路旁绿化、广场绿地和庭院绿地共同组成了园区的立体绿化系统。园区内在综合实验楼与靶站间形成的从入口逐渐升高的广场是园区内的景观中心，通过流水、园林造景等手法营造出富有岭南特色的园林环境，以点带面，尽可能地把人工景观隐藏在自然景观之中。

由实验装置的功能决定的整个园区建设从北到南分成三个场坪梯次，每个场坪高度各不相同。一是较低的北侧园区向高速公路倾斜的大片填土漫坡，景观营造主要以芳草和灌木为主，尽可能保留原有植被，与原始地貌结合在一起，形成从高速公路到园区的缓冲地带，从坡低处的高速公路向上看，园区的建筑体量会更加适合，不显突兀，掩映在青草绿树丛中，使园区更加富有层次感，更符合山水建筑的设计理念；二是较高的中间园区建设的平台，结合分散设计的建筑，主要从使用者角度出发设计人工景观，注重细节和功能的结合，充分利用南方植物种类繁多的优势，把室内外环境有机地结合在一起，营造出独有的优美意境；三是最高的南侧高边坡的绿化，由于实验装置的要求，南侧山坡需要开山，做较高的边坡挡墙，设计中尽可能地把其坡度放缓，每隔一段距离设置马道用于植树种草，边坡表面也采取拉网覆土的方法铺草绿化，从坡下向上看不露痕迹，减小对山坡景观的破坏，通过这些绿化的处理使边坡与后面的山体融为一体。

① 园区内在综合实验楼与靶站间形成的从入口逐渐升高的广场是园区内的景观中心

②～③ 充分利用南方植物种类繁多的优势，把室内外环境有机地结合在一起，营造出独有的优美意境

④～⑤ 从使用者角度出发设计人工景观，注重细节和功能的结合

①～③ 最高的南侧高边坡需要开山，做边坡挡墙，设计中尽可能地把其坡度放缓，每隔一段距离设置马道用于植树种草，边坡表面也采取拉网覆土的方法铺草绿化，从坡下向上看不露痕迹，减小对山坡景观的破坏，通过这些绿化的处理使边坡与后面的山体融为一体

④ 园区景观总图

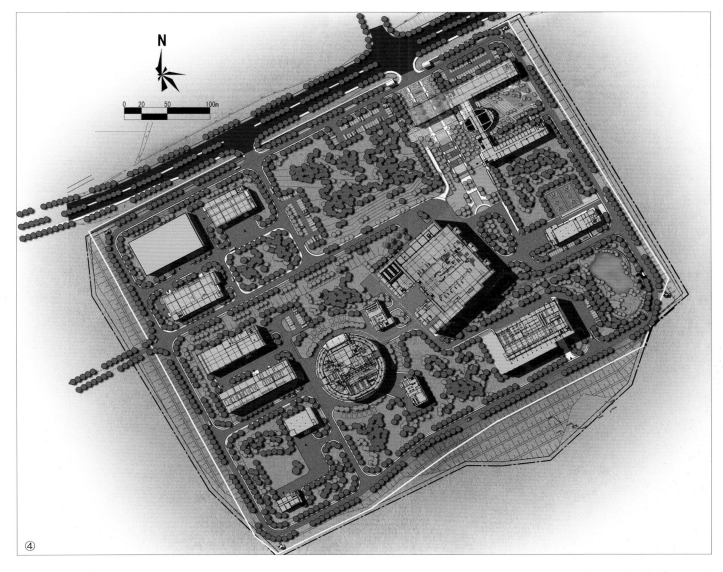

④

中国散裂中子源园区建筑坐落在绿色的环境中

中国散裂中子源园区的主体建筑形成入口广场的景观中心

中国散裂中子源园区顺应地形高低的布置

中国散裂中子源园区环境呈现岭南园林的特色

直线设备楼

靶站设备楼

RCS 设备楼及辅助设备区建筑

6. 园区建筑设计
Architectural Design of the Campus

6.1 建筑空间形态与建筑设计
Architectural Spatial Form and Architectural Design

国家大科学装置的主装置区建筑是一种独特的建筑类型，它的空间形态取决于大科学装置的性质，不同使用功能的大科学装置有不同的空间形态。

主装置区建筑空间形态的基本形式分为集中式和沿线分散式。集中式是将实验主装置安装在一栋巨型建筑内，如"上海光源"工程的主体建筑，充满时代感银灰色的独特造型"鹦鹉螺"是一栋巨型建筑，十分引人注目，实验主装置就安装在这栋巨型建筑内；沿线分散式是沿着实验主装置工艺流线布置若干建筑，形成一组建筑群，如本书的中国散裂中子源工程。

主装置区的建筑设计，采用集中式还是沿线分散式完全取决于大科学装置的性质，建筑平面设计及室内空间布局必须以主装置设备的工艺及流程为依据，各个不同的室内空间组织和平面设计必须充分满足主装置设备的工艺及流程和其他使用功能的需求。

中国散裂中子源主装置区建筑空间形态，根据主装置设备的工艺及流程，采用了沿线分散式的空间布局。直线设备楼、RCS 设备楼、靶站实验楼及其他设备楼等各个建筑沿主装置设备的工艺流线布置，由地下的主装置隧道联系起来，形成了一个有机统一的整体。主装置隧道是整个实验装置的核心部分，主要由主装置区的离子源研制厅、直线加速器隧道、直线副隧道、LRBT 隧道、RCS 环形隧道、反角中子及 RTBT 隧道组成，整个隧道的总长度 600 多米。直线设备楼、RCS 设备楼、靶站实验楼是主装置区在地面上的主要建筑，建筑平面设计及室内空间布局根据主装置设备的工艺及流程，充分满足了主装置设备的使用功能要求。

① 中国散裂中子源－园区总体效果图

6.2 建筑外部造型设计
Exterior Form Design of the Building

大科学装置的功能是世界前沿的高端科学研究,作为其载体的建筑也应当有一个恰如其分的尖端精湛的外部形象加以体现。主装置区的建筑造型设计应遵循两个原则,一是体现国家大科学装置工程的高端前沿的性格;二是照顾周边环境顺应自然。建筑性格应当是简洁理性的,建筑表情应当是严谨清新的,建筑材料细部也应当是时尚精练的。

中国散裂中子源主装置区建筑的外部造型以 RCS 设备楼为中心分成三大部分,尽量减小建筑体量,每部分各有秩序,统一了主装置设备的工艺及流程造成的杂乱形象,着重表现出建筑精准的工艺和细腻的搭配,将尖端科技的内涵恰如其分地通过建筑语汇加以表达,展现中国技术的国际化水准。建筑均以浅灰色外墙、原色玻璃为主,色彩、和谐,体量上则通过飘板、副廊、凸凹、开洞等手法从视线上把规模反差较大的建筑融合在一起。主装置区建筑造型设计具有简洁、大气、生态的特点:

简洁——在满足科研实验的基础上,通过现代化的设计理念、高层次的文化意念、先进科学的现代建筑材料配置,采用简洁的建筑造型手法,创造简洁美观的建筑;

大气——采用现代的风格,通过主次对比、虚实对比与现代融合等设计手法突出建筑个性,创造出园区独具特色的外在形象,体现科技园区精致而又不失大气的建筑特色;

生态——强调环境与建筑、单体与群体、空间与实体的关系。建筑造型与绿色建筑要素有机结合,利用并强化园区的自然生态,寻求建筑与周围环境协调发展的途径,突出岭南建筑的生态特色。

① 直线设备楼
② RCS 设备楼
③ 靶站设备楼

①

②

③

6.3 园区主要建筑
Main Building of the Campus

综合实验楼、直线设备楼、RCS设备楼、靶站设备楼是园区的四栋主要建筑。综合实验楼位于实验配套区，直线设备楼、RCS设备楼和靶站设备楼均位于主装置区。

6.3.1 综合实验楼
Comprehensive Experimental Building

综合实验楼是中国散裂中子源园区的标志性建筑，位于场地的东北角，沿市政主干道一侧平行布局，建筑一端是与建筑融为一体的高大尺度构架形成的具有标志性的园区主入口。

实验楼呈横U形布置，由南、北各一栋建筑和中间连接部分组成。建筑使用功能为办公室、实验室及相关的辅助用房，总建筑面积约 20000m²。

北面一栋建筑为办公楼，共6层，首层为会议室、阶梯教室和多功能厅，二层为图档及阅览用房，三层为实验用房，四至六层为办公室。南面一栋建筑也是办公楼，共6层，其中首层为半地下室的车库及设备用房，二层为入口大堂及办公室，三至六层均为办公室。南、北两栋建筑平行，由连廊连接，各层均可连通。

综合实验楼的建筑设计具有以下特点：

（1）平面布局合理，功能分区明确，充分满足了综合实验楼的办公室及实验室的功能需求。将会议室、阶梯教室和多功能厅等人流量大的用房布置在首层，使建筑内部的交通流线极为便捷。

（2）利用建筑场地的高差，使建筑与坡地有机结合，达到建筑与地形、建筑与环境的高度统一与协调。

（3）建筑室内空间的开放通透、室外广场和绿地与建筑相交融、开敞的架空连廊以及建筑造型的轻盈，都表达出鲜明的岭南建筑特色。

① 综合实验楼 - 西南面

① 综合实验楼航拍照片

②、④ 综合实验楼 – 西北面

③ 中国散裂中子源项目园区主入口

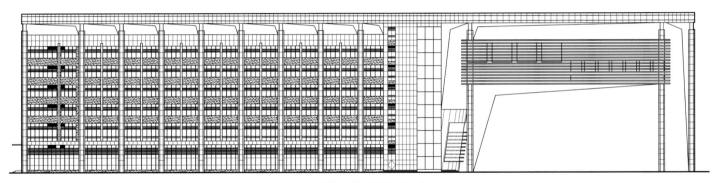

综合实验楼 - 北楼北侧立面图

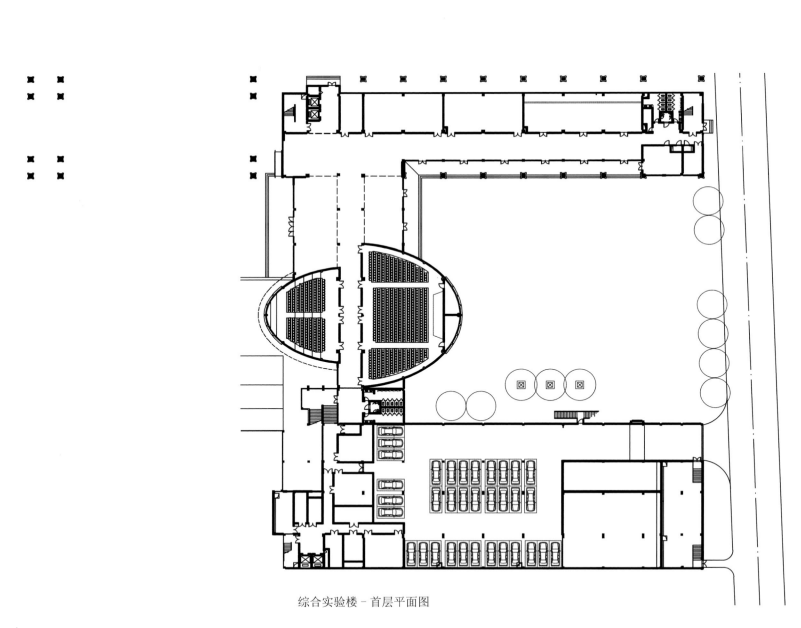

综合实验楼 - 首层平面图

① 综合实验楼建筑一端是与建筑融为一体的高大尺度构架形成的具有标志性的园区主入口

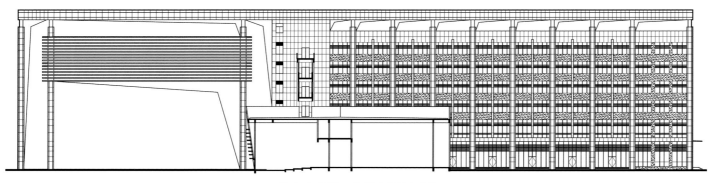

综合实验楼 - 北楼南侧立面图

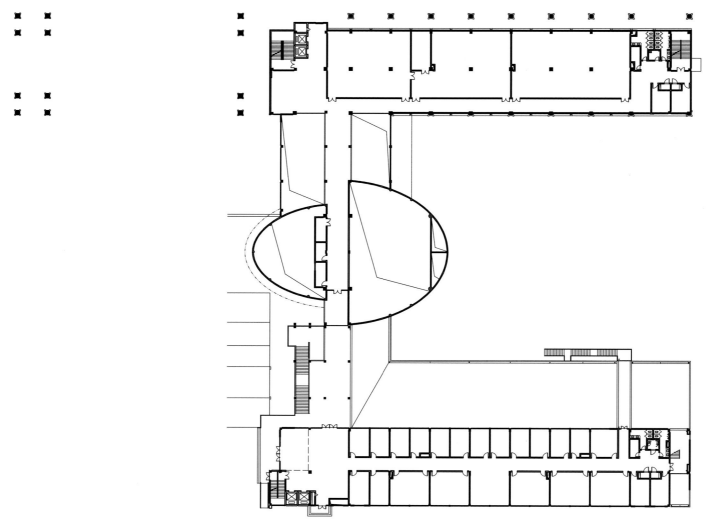

综合实验楼 - 二层平面图

① 综合实验楼 - 西南面
②、③ 综合实验楼 - 东面

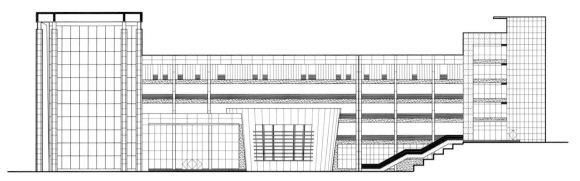

综合实验楼－西侧立面图

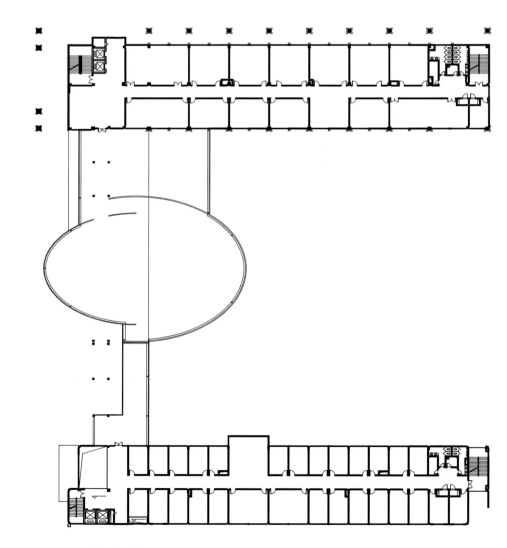

综合实验楼－三层平面图

①～③ 综合实验楼－西侧

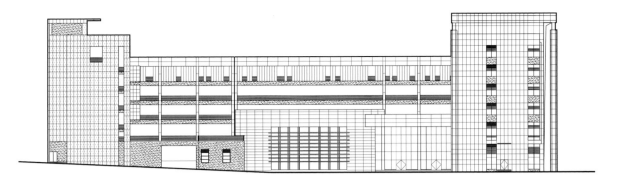

综合实验楼 – 东侧立面图

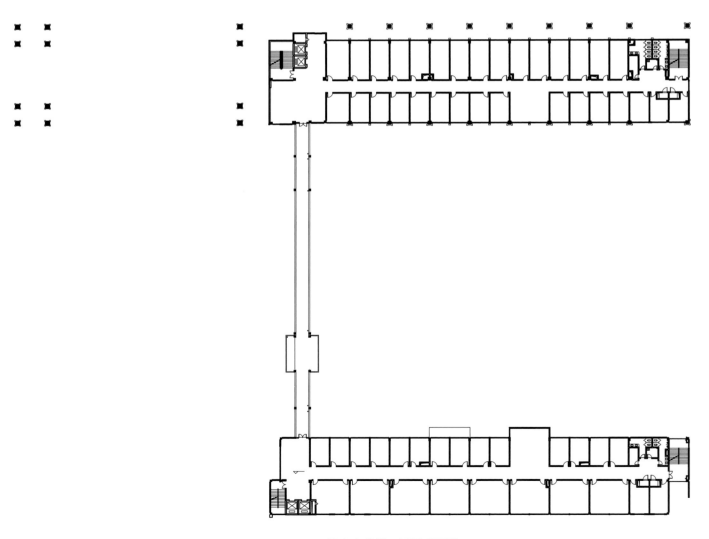

综合实验楼 – 四层平面图

① 综合实验楼 – 东侧园景
② 综合实验楼 – 西侧园景与园区主人行通道
③ 综合实验楼南、北两栋建筑平行，由连廊连接，各层均可连通

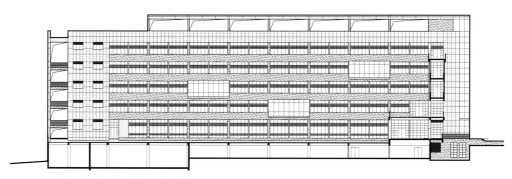

综合实验楼 - 南楼北侧立面图

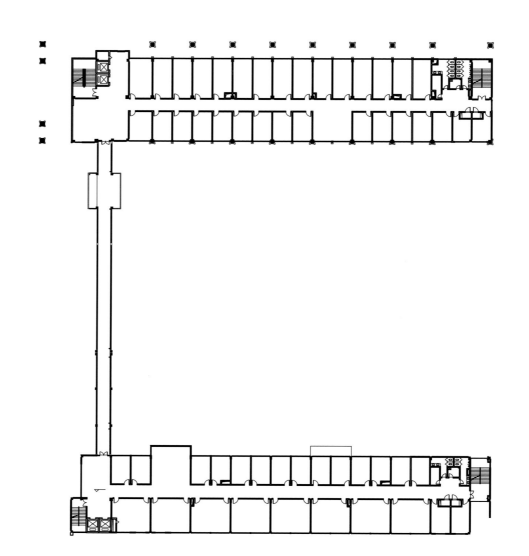

综合实验楼 - 五层平面图

① 综合实验楼南面办公楼北侧
立面造型

①

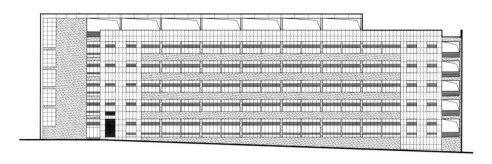

综合实验楼－南楼南侧立面图

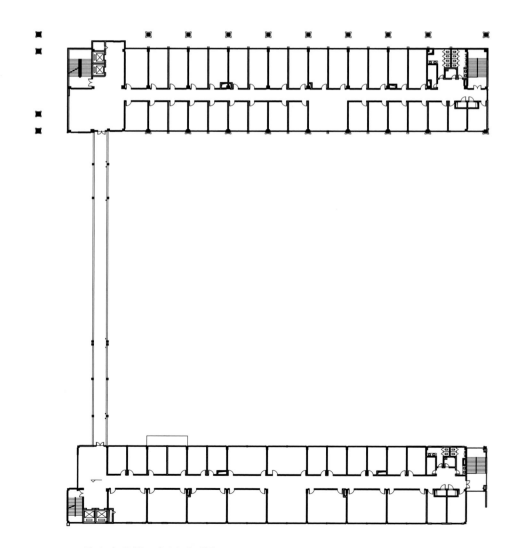

综合实验楼－六层平面图

①～③ 综合实验楼南面办公楼

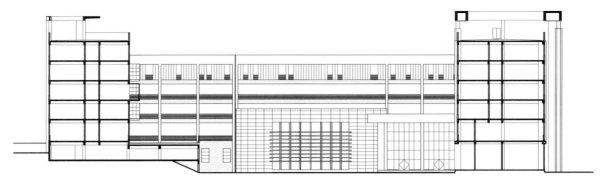

①～④ 综合实验楼室内空间

综合实验楼 - 剖面图

①

综合实验楼

6.3.2 直线设备楼
Linear Equipment Building

直线设备楼主要布置有通用设备、直线射频系统、漂移管直线系统，前端、电源、防护、束测、真空、控制等系统的相关设备。

建筑位于室外场地标高 52.8m 标高的场地上，由地上建筑和地下部分组成，地上部分为单层建筑，局部二层。地上建筑外轮廓长约 78m，宽约 45m，首层分别是功率源长廊、长廊副跨和通用设备辅助用房；空调机房、水力机动组、磁体电源等设置在局部二层部位。地面设为三跨，中间主跨是净宽 14m 的调速管走廊及 DTL 测试厅和加速腔冷、热功率测试厅，设有 5t 桥式吊车。

地下就是主装置隧道，包括直线加速器主隧道、副隧道和离子源厅等，地下夹层为空调机房、磁体电源等。

地下隧道顶板与地上建筑之间有 5.7m 覆土作为屏蔽层。建筑物外结合建筑造型布置数个直线设备使用的电抗器。

① 直线设备楼 – 东西侧

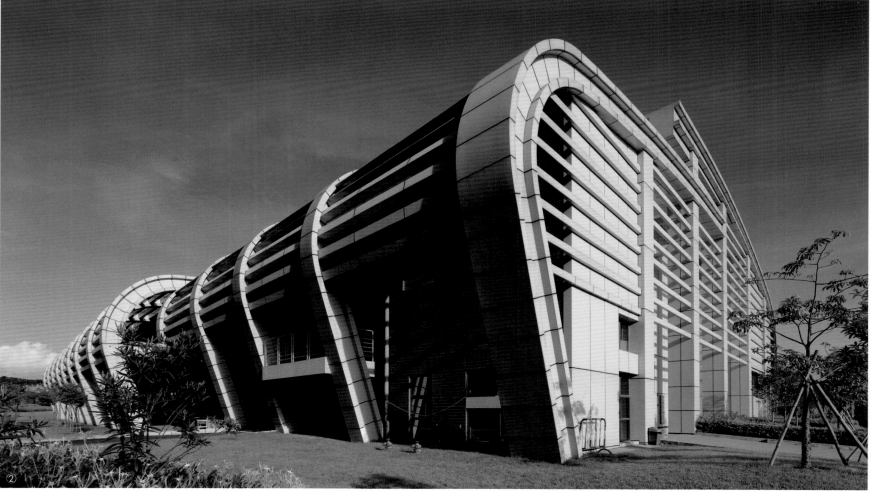

① 直线设备楼-东西侧
② 直线设备楼-东南侧

直线设备楼-北侧立面图

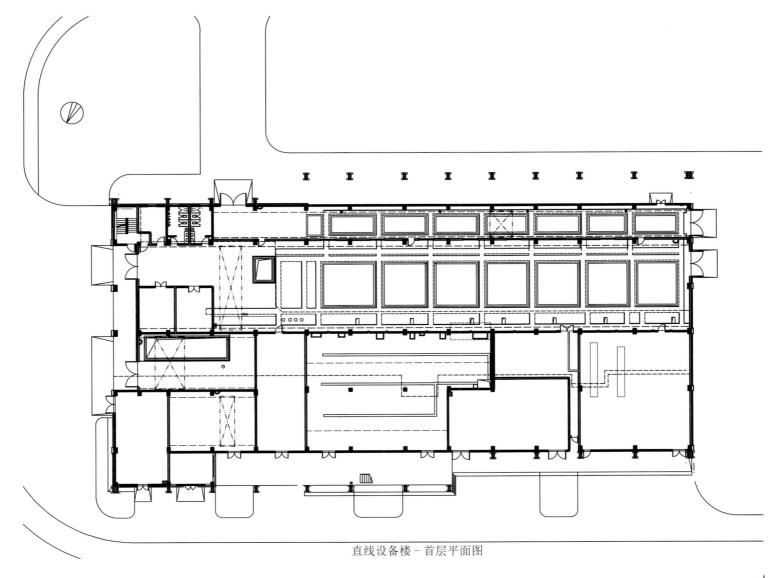

直线设备楼-首层平面图

① 直线设备楼－南侧
② 直线设备楼－东南侧

直线设备楼－南侧立面图

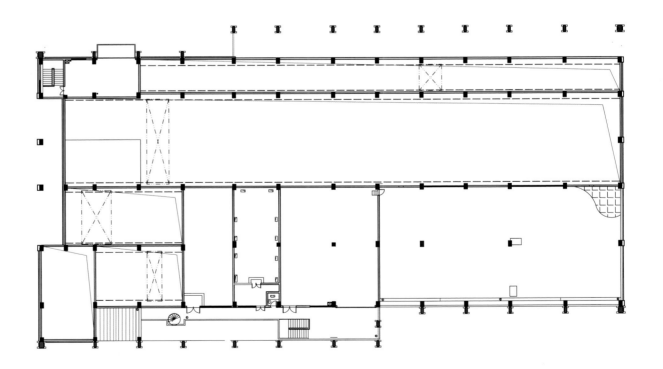

直线设备楼－夹层平面图

① 直线设备楼 - 东侧
② 直线设备楼 - 西侧

直线设备楼 - 东侧立面图

直线设备楼 - 西侧立面图

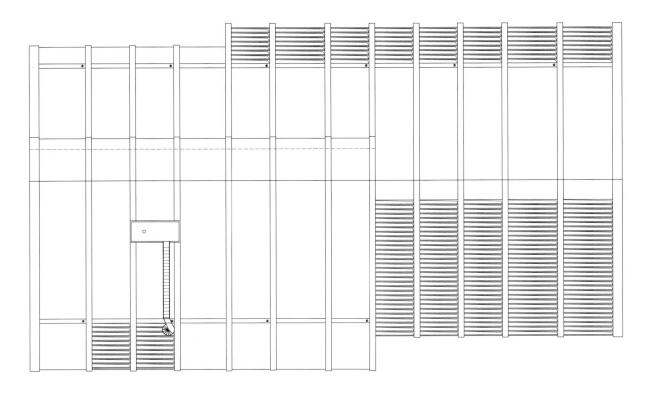

直线设备楼 - 屋面平面图

① 直线设备楼地上建筑外轮廓

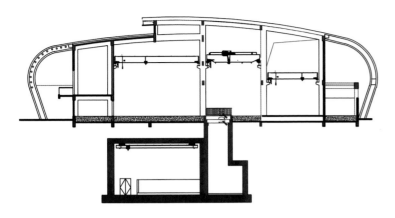

直线设备楼 - 剖面图 3

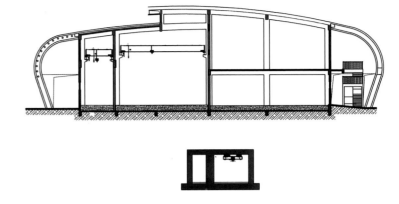

直线设备楼 - 横向剖面图 2

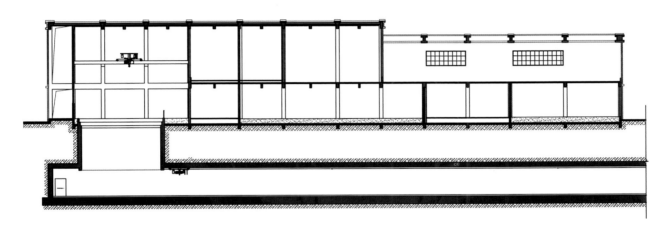

直线设备楼 - 剖面图 1

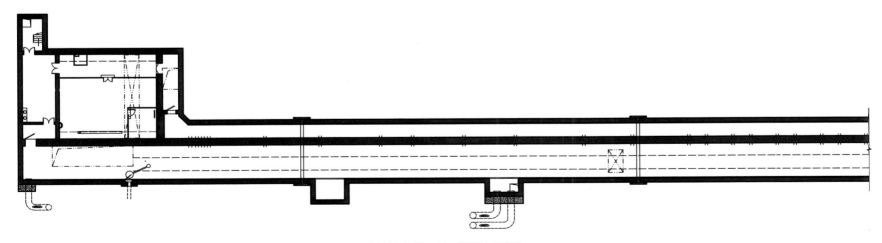

直线设备楼 - 地下隧道平面图

直线设备楼

6.3.3 RCS 设备楼
RCS Equipment Building

RCS 设备楼位于整个园区中心位置最高的 55.50m 标高的室外场地上。RCS 设备楼平面呈圆形，除管沟层外一共 3 层，地下二层和地上一层，主要布置有通用设备、注入引出系统、环高频系统，电源、束测、真空、控制、准直、机械、防护等系统的相关设备。

RCS 环形隧道围绕在 RCS 设备楼周围地面 5m 以下，RCS 设备楼地下二层与环形隧道相连通，设置了通用设备用房，包括空调机房、制冷机房、水冷机房、配电室以及准直工作间等；地下三层为 3m 和 4m 宽的十字设备管沟，作为各种设备管线进入隧道的主要通道。地下一层为 RCS 设备楼的主要楼层，布置有环高频大厅和注入、引出设备厅，环高频厅布置在中间，注入和引出分别布置在平面上、下两侧，束测本地站分别布置在平面的四周。

地下一层的设备相当重要，楼面荷载、设备发热量都非常大，地面需要连接电缆沟，顶部需要起重设备，故建筑结构都要做特殊处理，配套的空调、水冷、配电设施也要相应完善。

环电源厅和环高频厅的控制室，以及真空、本地控制室和值班室等设备用房，还有配电室、水冷机房和空调机房等布置在地上一层，把地上一层结构底板抬高 800mm 设置了电缆夹层。

RCS 设备楼的地上一层设置了建筑的主入口门厅，是工作人员和参观人员的主要出入口，也作为实验成果的一个展示空间，同时还布置了高低压配电间、空调机房、环电源厅、各分控制室及整个园区的智能化主控制室，主控室是整个主装置区的控制中枢。

① RCS 设备楼

① RCS 设备楼地上建筑外轮廓
及主入口

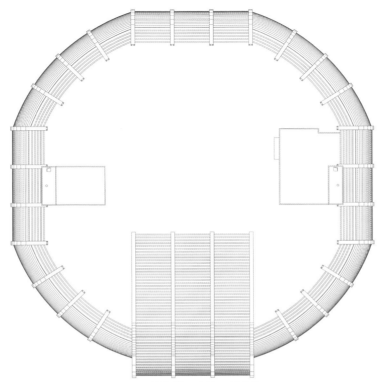

RCS 设备楼 - 框架平面图

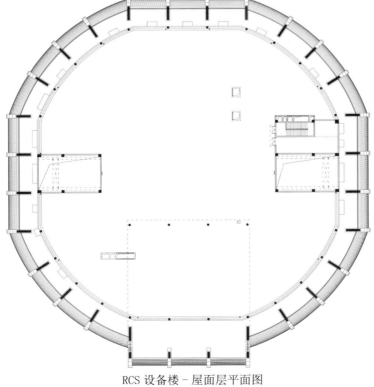

RCS 设备楼 - 屋面层平面图

① RCS 设备楼

②、③ RCS 设备楼地上建筑外轮廓

RCS 设备楼 - 立面图 1

RCS 设备楼 - 立面图 2

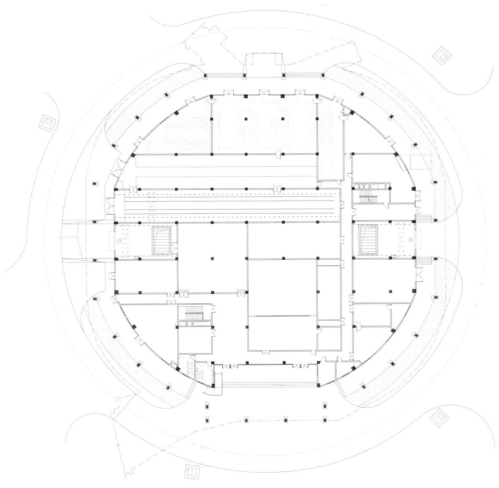

RCS 设备楼 - 首层平面图

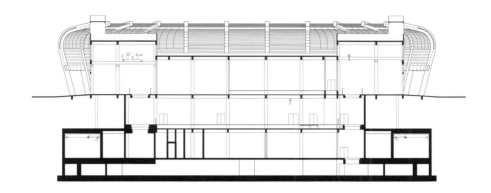

RCS 设备楼 - 剖面图 1

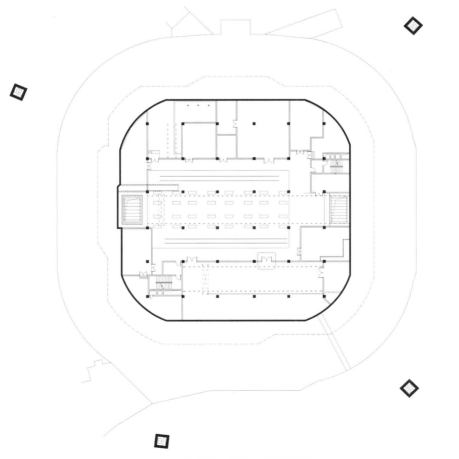

①、② RCS 设备楼

RCS 设备楼 - 地下一层平面图

①

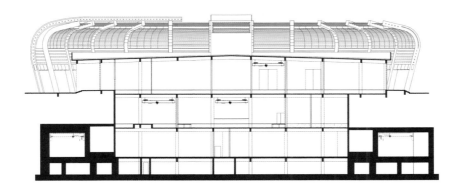

RCS 设备楼 – 剖面图 2

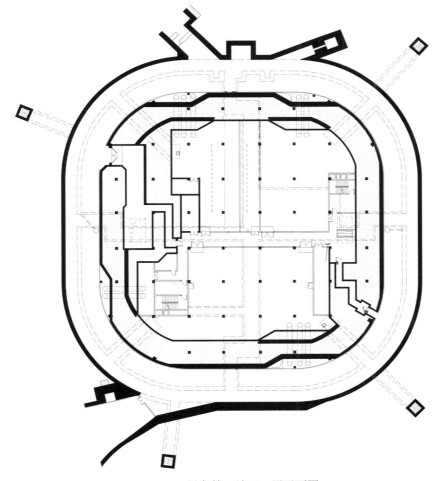

① RCS 设备楼地下环形隧道   RCS 设备楼 – 地下二层平面图

RCS 设备楼

RCS 设备楼

6.3.4 靶站设备楼
Target Station Equipment Building

靶站是散裂中子源中将经过加速器的高能质子脉冲入射重金属靶体，通过散裂反应产生大量中子，并用慢化器将其慢化成适合中子散射用的慢中子脉冲的设施。靶站设备楼的建筑平面布局及室内空间设计是根据靶站设备楼的工艺系统提供的实际需求而进行的。

靶站设备楼工艺系统的设计是根据靶站谱仪各子系统提供的实际需求而进行的，主要体现在给排水、配电、通风、控制通信、建筑空间、辐射防护等方面。从整体设计的角度出发，合理的设计需要充分考虑五方面的需求，一是合理满足各子系统的基本需求，提供基本的工作条件；二是工程建设和设备安装的可行性、简易性；三是设备及系统运行的安全性、可靠性；四是设备及系统的可维护性；五是人员工作环境的安全性和舒适性。同时，工艺系统的设计需考虑工程后续建设的要求，使系统的设计具有可持续性、扩展性、兼容性。

① 靶站设备楼东北侧

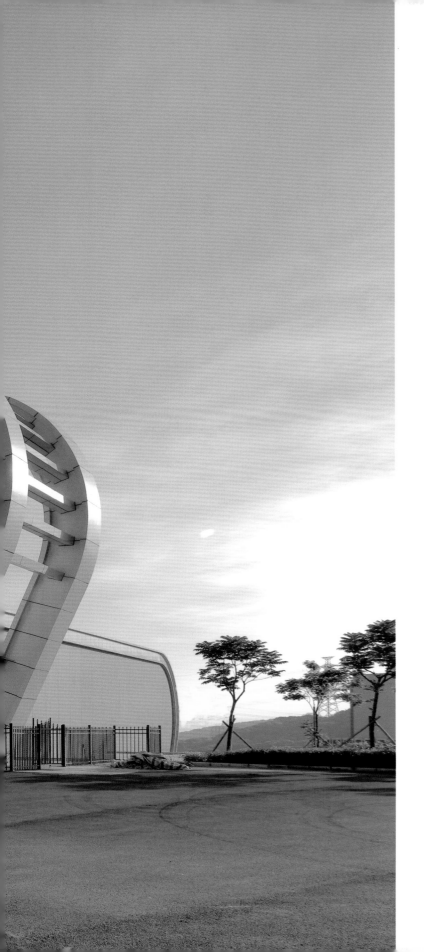

靶站设备楼位于 RCS 设备楼的东侧室外场地标高 42.5m 的地台上，建筑外形轮廓尺寸长约 72m，宽约 75m。靶站设备楼主要由靶站大厅、两个谱仪大厅、地下室及用户实验室以及靶站配套设备楼和低温厅等几部分组成，它是整个主装置隧道的终端，主装置隧道在这里出到地面。靶心周围通过钢及重质混凝土屏蔽层进行辐射防护。

地下室按功能划分为设备区、污水处理区、废物存储区和液体污染物存放区四个部分。面积约 1300m²，地下室顶部标高为 -1m，水冷却系统设备区、污水处理区、废物存储区和液体污染物存放区的墙厚为 1m（重混凝土），其他墙体只有承重要求；污水处理区、废物存储区和液体污染物存放区净高 7m，其他区域净高 5m，重水、轻水罐区在水系统设备区下沉 3.5m。地下室水系统设备区主要放置重水、轻水系统设备，废物存储区内有高放物质的临时存放，液体污染物存放区用于存放失效的树脂和过滤器，均有防辐射要求，地下室属于控制区域。

用户实验室长约 64m，宽约 10m，紧临主建筑东北侧，共三层。其中一层主要为架空层，二层为会议室和实验室，三层为靶站谱仪控制室和设备室等。

① 靶站设备楼西南侧

B7
靶站谱仪大厅

①

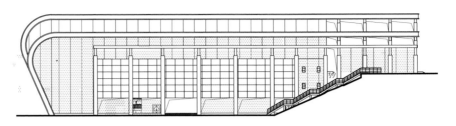

靶站设备楼-立面图 1

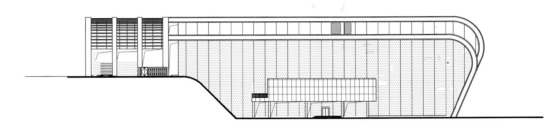

靶站设备楼-立面图 2

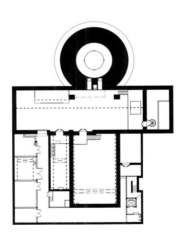

① 靶站设备楼北侧局部

靶站设备楼-地下室平面图

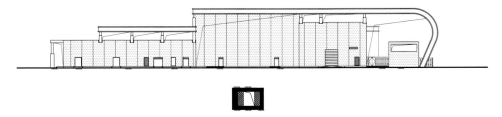

靶站设备楼 - 立面图 3

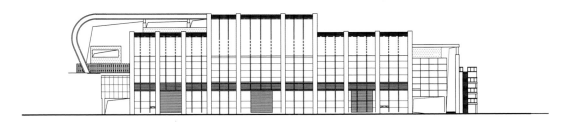

靶站设备楼 - 立面图 4

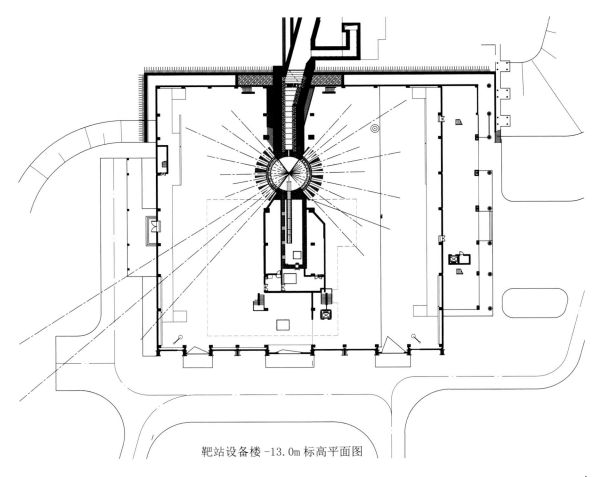

① 靶站设备楼西侧局部
② 靶站设备楼北侧局部

靶站设备楼 -13.0m 标高平面图

①

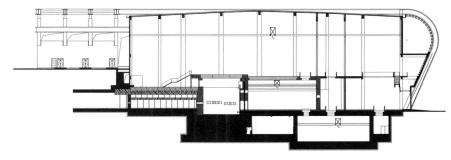

靶站设备楼 - 剖面图 1

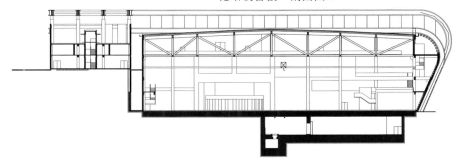

靶站设备楼 - 剖面图 2

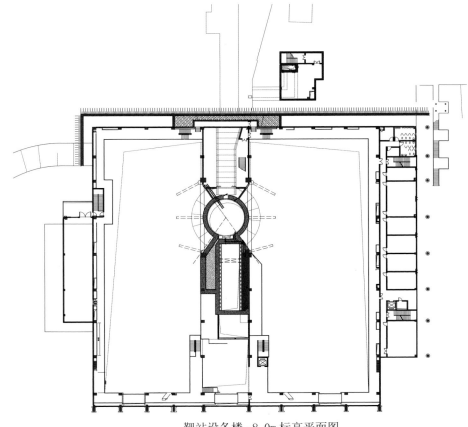

① 靶站设备楼东侧

靶站设备楼 -8.0m 标高平面图

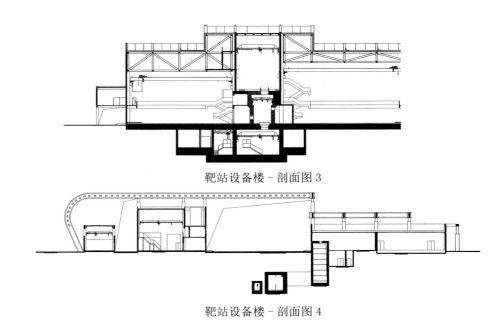

靶站设备楼-剖面图 3

靶站设备楼-剖面图 4

① 靶站设备楼北侧局部
② 靶站设备楼西侧

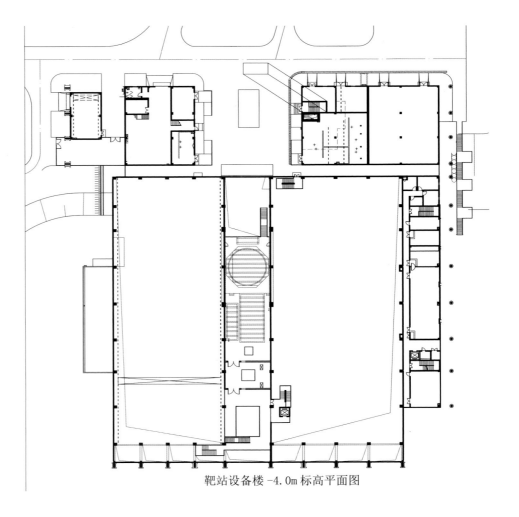

靶站设备楼 -4.0m 标高平面图

① 靶站设备楼东侧主入口

② 靶站设备楼东侧建筑外轮廓
及外廊

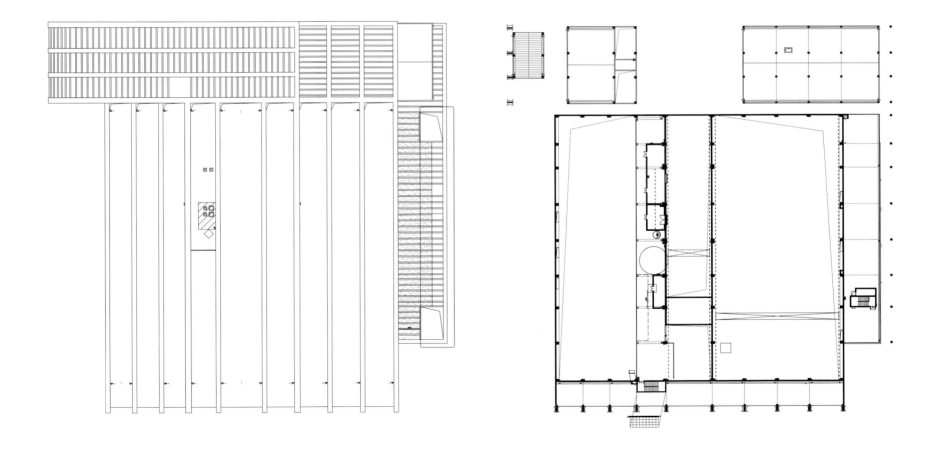

靶站设备楼－屋顶平面图   靶站设备楼 -1.0m 标高平面图

靶站设备楼

① 主装置区 BIM 轴测图

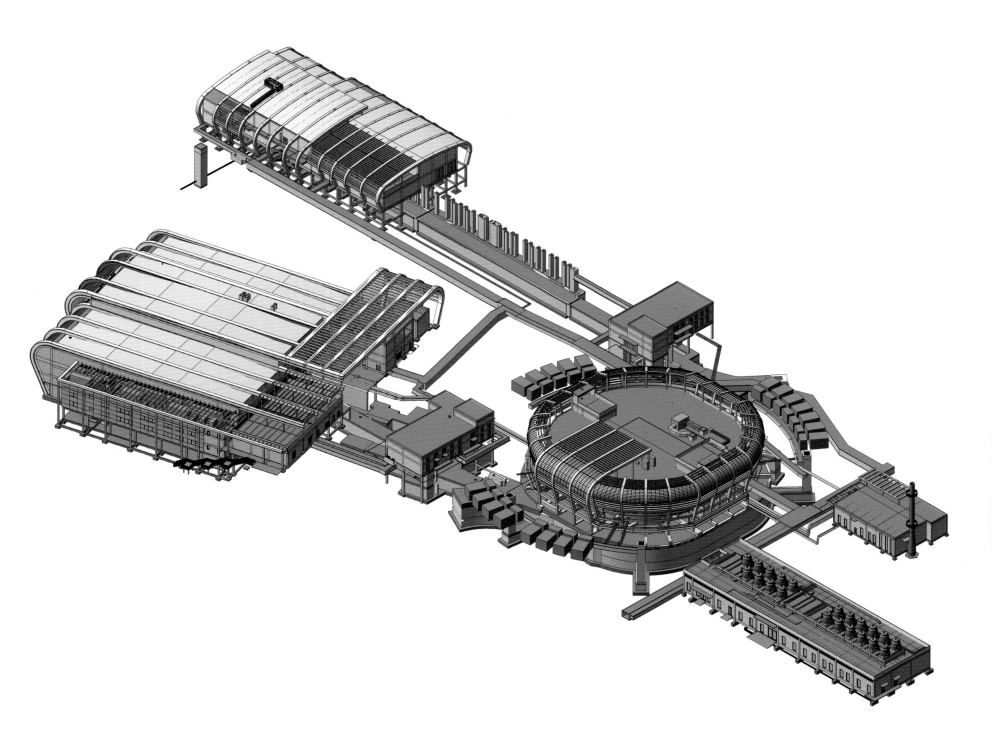

①

6.4 主装置的特殊建筑空间
Special Architectural Space of the Main Installation

6.4.1 主装置隧道
Main Installation Tunnel

主装置隧道是整个实验装置的核心部分，主要布置有通用设备、前端、DTL、射频、注入引出系统、环高频系统，磁铁、电源、束测、真空、控制、准直、机械、防护等系统的相关设备。隧道主要由直线加速器主隧道、直线副隧道、LRBT 隧道、RCS 环形隧道、反角中子及 RTBT 隧道组成，整个隧道连通，地面标高一致，总长度 600 多米。直线隧道宽 5m，高 4m；RCS 环形隧道宽 7m，高 5m。

直线设备楼调速管走廊正下方 5.2m 处是直线加速器主隧道，中间覆土作为屏蔽层，主隧道旁侧设置直线副隧道，作为主隧道的设备走廊；隧道端头设有离子源厅和楼梯间出入口，作为工作人员的交通和疏散通道。

LRBT 隧道是连接直线加速器主隧道和 RCS 环形隧道的一段隧道，它的上部是 LRBT 设备楼。LRBT 设备楼有地上一层和地下一层，地下一层和隧道相通。

RCS 环形隧道是边长 71.8m 的切角正方形，四周切角圆半径为 25.6m，位于 RCS 设备楼下方，与 RCS 设备楼地下室相通。隧道设有两个通道进出 RCS 设备楼，一个为设备和人员通道，另一个为人员通道，均按防护要求进行迷宫式设计。RCS 设备楼内设置了两个吊装口，一个吊装口 3m×5.5m，设置 5t 桥式吊车；另一个吊装口 3.5m×7m，设置 32t 桥式吊车。RCS 环形隧道内配置二台 16t 桥式吊车，吊车的轨道是环形的。

反角中子及 RTBT 隧道一端连接 RCS 环形隧道，另一端是整个隧道的终点——靶心，该隧道中部有开叉，形成一段通向废束站的通道。

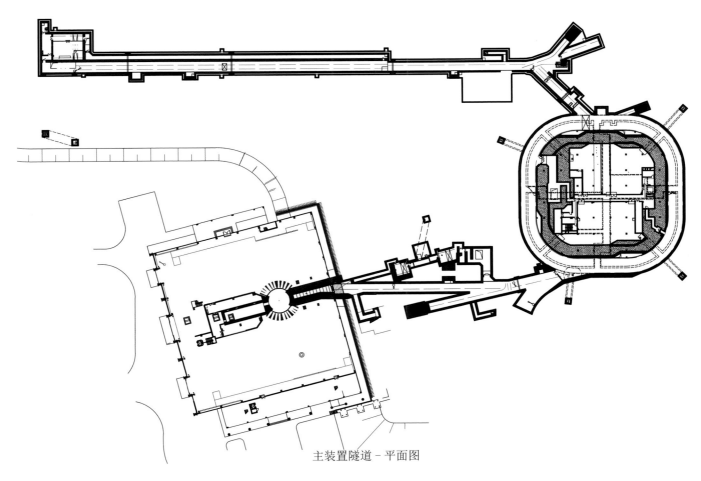

主装置隧道 - 平面图

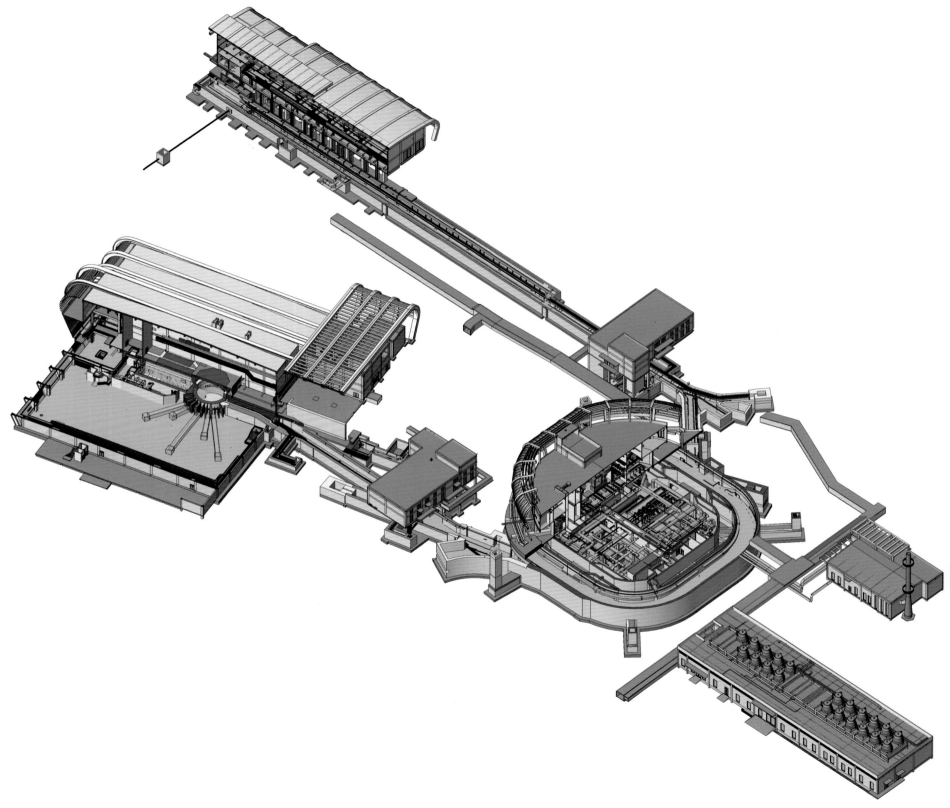

①

① 主装置区 BIM 整体剖视图
② 主装置区 BIM 隧道轴测图

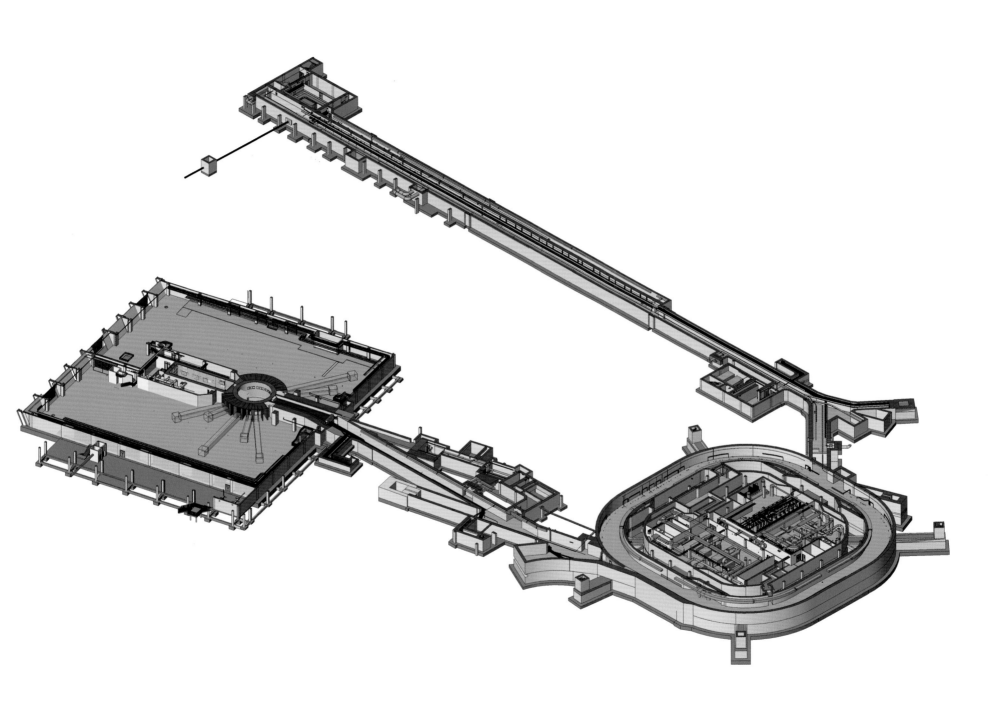

②

① 主装置区直线设备楼首层
BIM剖视图
② 主装置区直线设备楼隧道 –
直线加速器主隧道

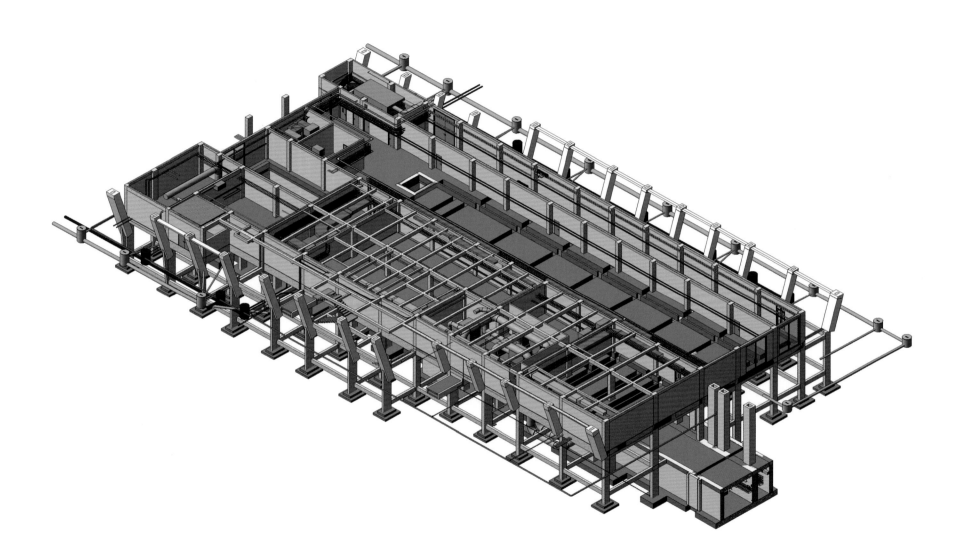

①

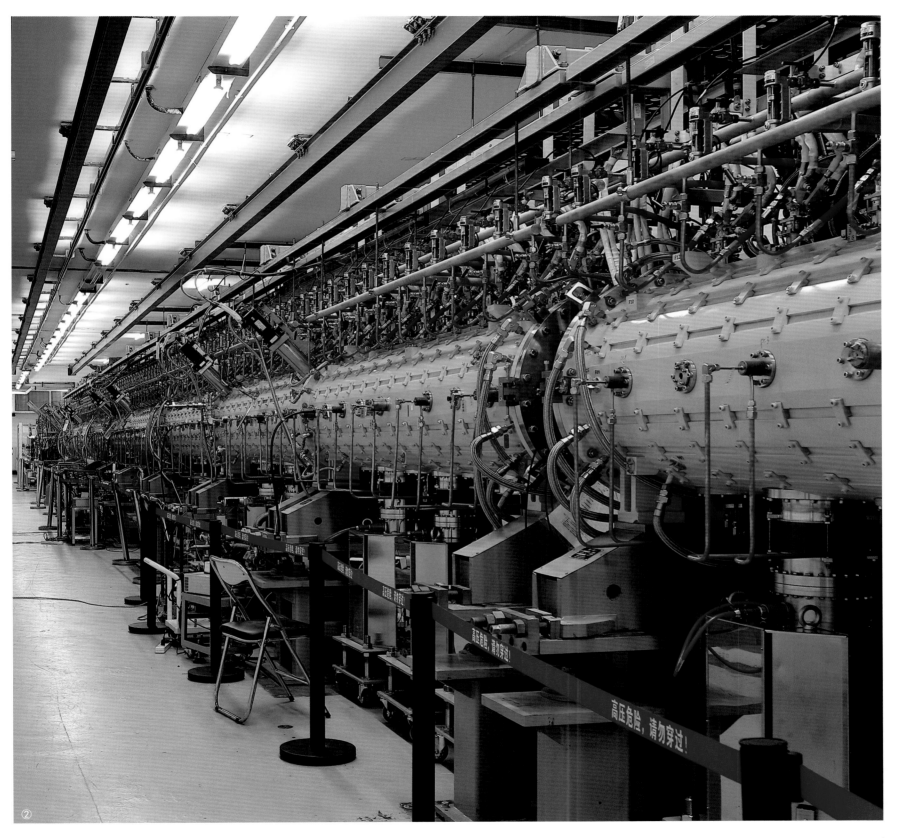

②

① 主装置区 RCS 设备楼首层
BIM 剖视图
②～⑤ 主装置区 RCS 设备楼环
形隧道

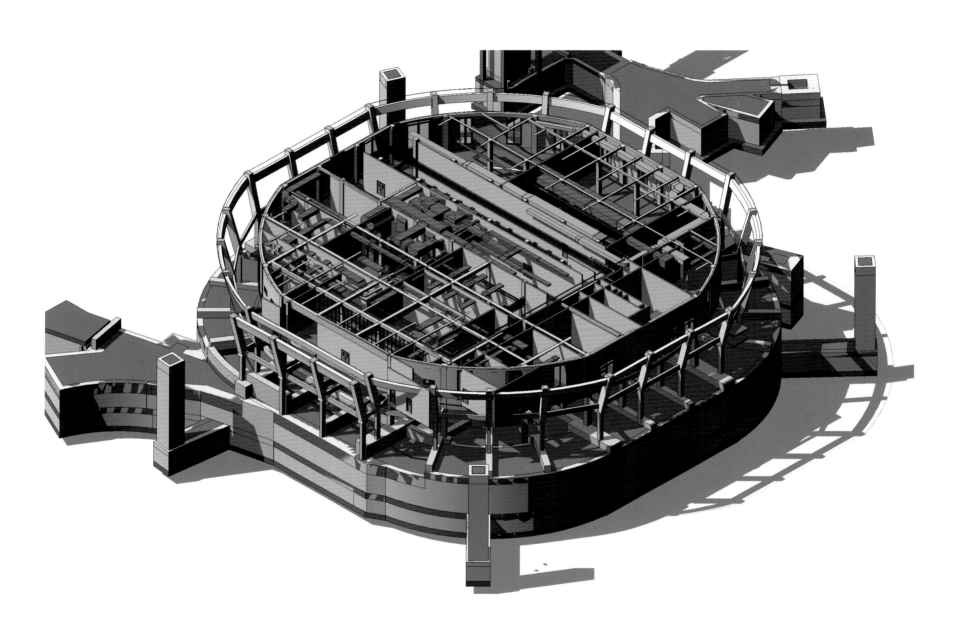

①

① 主装置区靶站设备楼地下第
一层BIM剖视图
② 地下靶心
③、④ 靶心周围通过钢及重质
混凝土屏蔽层进行辐射防护

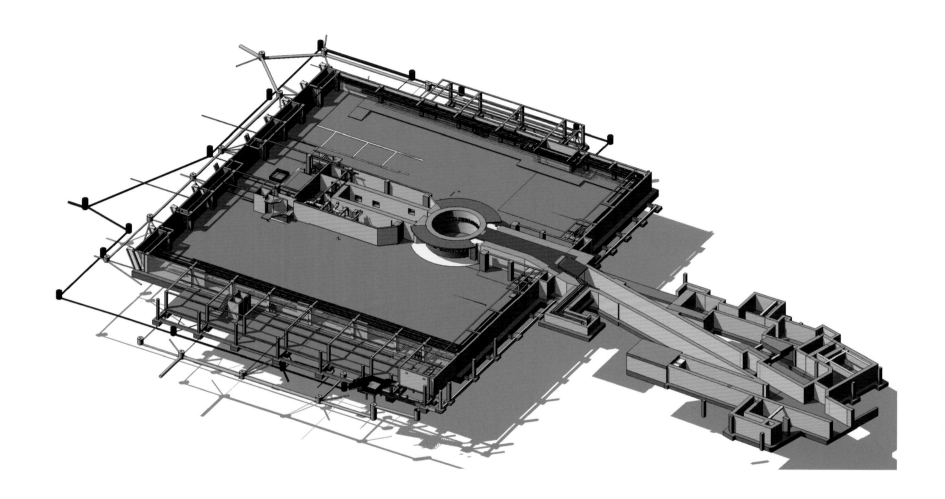

①

①

6.4.2 靶站大厅和谱仪大厅
Target Station Hall & Spectrometer Hall

靶站大厅和谱仪大厅是靶站设备楼内重要的室内空间。

靶站大厅由靶站、热室、热室操作间、延迟罐间及顶部大厅（High Bay）五部分组成，靶站大厅长70m，宽12m，高25m。

靶站设备楼有两个谱仪大厅，即1号谱仪大厅和2号谱仪大厅，位于靶站大厅的两侧，主体净高约20.2m，长70m，宽分别为29m和34m，谱仪大厅内分别设置20台中子脉冲装置，主要用于中子散射实验。CSNS项目总体规划了20台谱仪，首期工程建造3台谱仪，分别是高通量粉末衍射仪、多功能反射仪和小角散射仪。今后，将按需求逐步增加谱仪数量。

考虑到谱仪大厅的中子脉冲装置围绕靶站中心呈放射状布置，且离靶心距离不一，所以整个靶站大厅和两个谱仪大厅内部均不设柱子，为以后中子脉冲装置的布置提供更大的灵活性。

6.4.3 热室和热室操作间
Hot Chamber & Hot Chamber Operation Room

热室长18m，宽5m，净高8m，紧邻靶站。地面铺设轨道，热室拖车运行于轨道上，用于靶体的正常工作和维护。热室主要用于停机后维护TMR（靶体/慢化器/反射体）系统及质子束窗等部件。

热室侧墙为1m厚重质混凝土现浇的防护墙。热室的地面和侧墙采用不锈钢包衬，侧墙不锈钢包衬高度为2.0m。热室的内部为涉放空间，人员不得进入，在热室的左侧设有操作间，操作人员通过三个有机铅玻璃防护观察窗，对热室进行维护操作。

热室操作间安装了3台遥控机械手，操作人员通过遥控机械手的操作去完成热室维护工作。在设计中，充分考虑了遥控操作所使用的遥控动力机械手、主从式机械手、遥控摄像机、遥控吊车，闭路电视，特殊的照明设备以及机械手所需操作的特殊工具等各因素，使热室和热室操作间的特殊建筑空间充分满足了使用功能的需求。

热室右侧还设有维护区，作为存放热室维护和靶站的辅助设备等的建筑空间。

① 热室观察窗

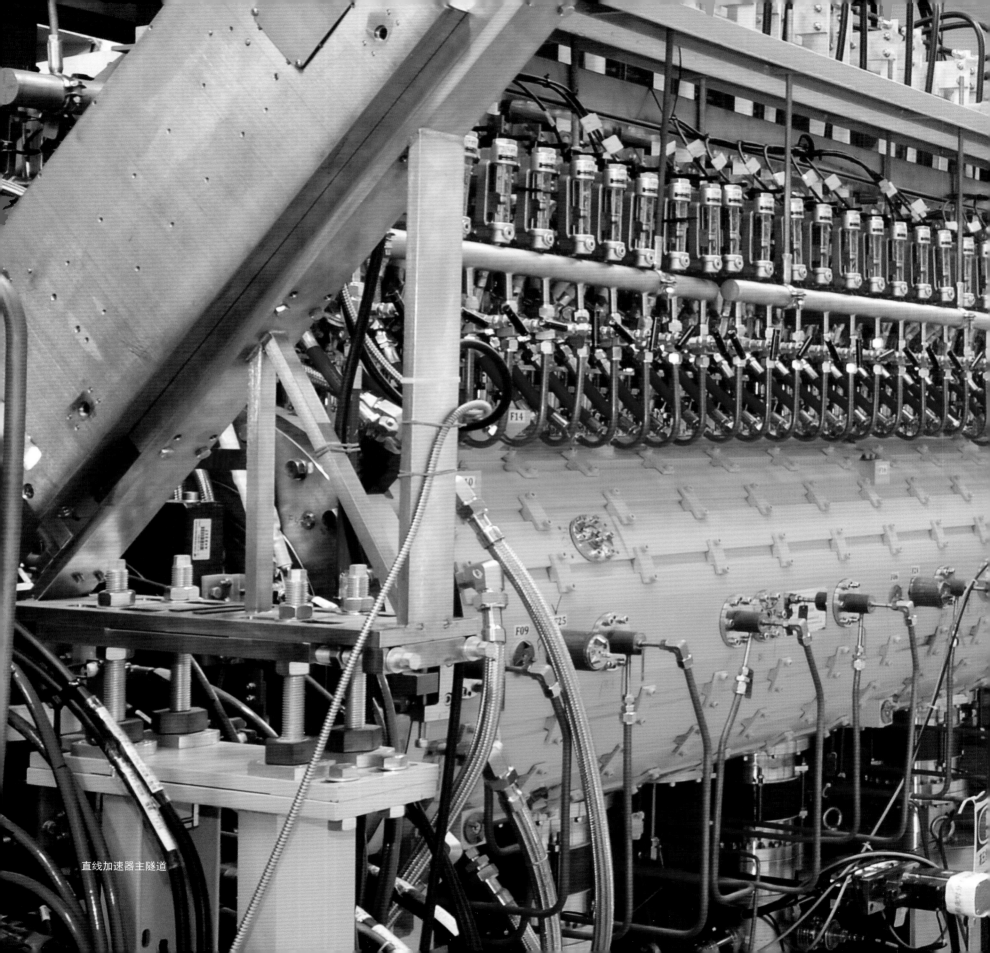

直线加速器主隧道

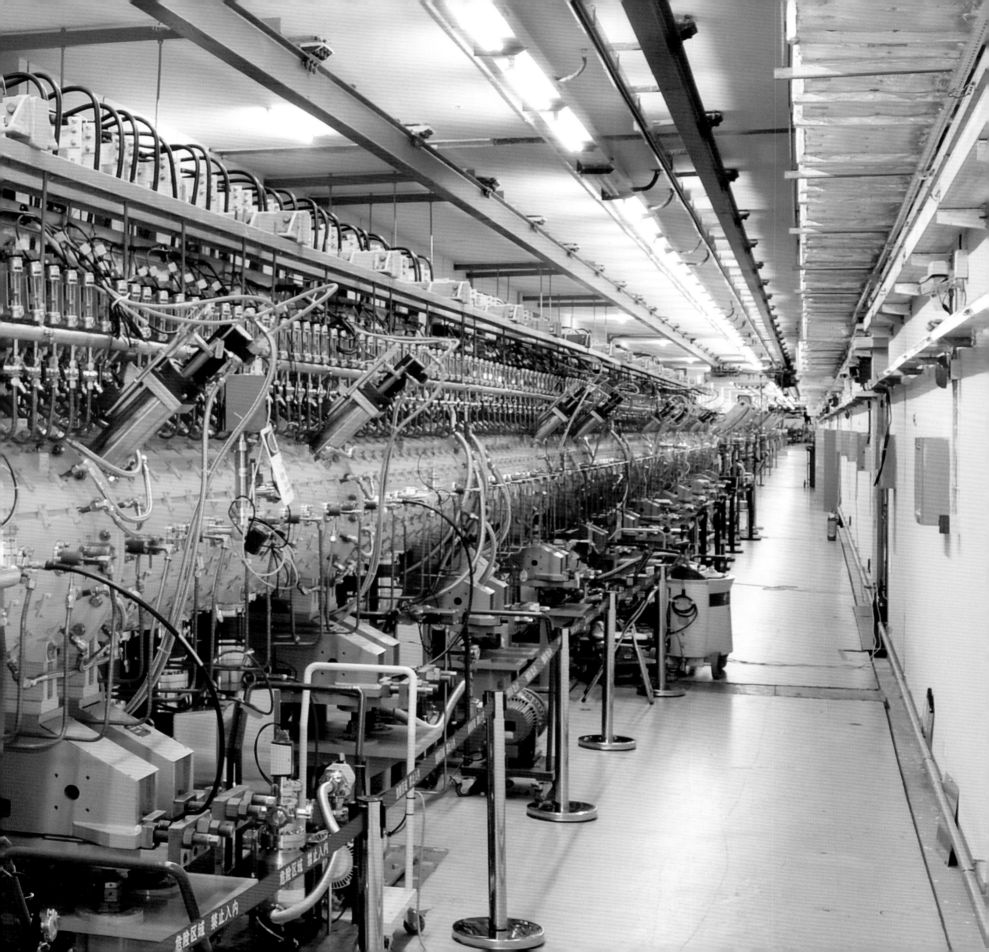

7. 建筑设计的关键技术
Key Technologies of Architectural Design

7.1 高程准值
Height Datum

CSNS 测量准直设计包括准直控制网设计、加速器设备准直安装和主要设备的最终位置精度分析等。准直要求加速器及靶站谱仪设备安装地基年不均匀沉降在 0.3mm，保证通视。准直需要在整个 CSNC 装置上布设 8～9 个基岩永久控制点，组成装置永久控制网，永久控制点在隧道内通道一侧，其地下标志基础坐落在基岩上，与隧道地基不接触；准直需要在 CSNS 园区内布设 10 个控制点，其中 5 个为基岩永久控制点，组成园区控制网；准直需要在 CSNS 园区外部山顶路边，布设 2～3 个地面控制点，组成外围控制网。土建设计中按准值工艺构造要求，结合准值控制点的不同位置，独立设置不同的结构基础形式，结合严谨经济可行的涉核防水构造设计，满足准值测量控制需要。

加速器设备准直安装设计包括 RCS 设备准直安装和直线加速器设备准直安装，输运线设备的准直安装方案与 RCS 基本相同。土建设计中按设备设施控制精度要求，因应不同准值测量点基础构造特点，设置不同的准值设备基础形式，保证测控精度要求。

散裂中子源的实验装置在科学指标的高强度、高精度要求，意味着对于安放实验装置的土建工程的高强度、高精度等特殊要求，这些要求体现在土建、安装、通用设备等各个方面，例如整条加速器隧道的不均匀沉降要求以 0.1mm 计，设备基础预埋定位，表面平整度以毫米计，准直桩要求完全脱离主体结构防振动的要求，整条加速器隧道及主要设备楼、测试楼恒温恒湿的要求等。

7.2 建筑消防设计
Fire Protection Design of the Building

目前，我国在大科学装置建筑消防设计方面尚无规范可依，因此在主装置区建筑消防设计上无法对建筑的火灾危险性定类，带来建筑防火分区划分原则、防火分区面积指标取值、不同使用功能空间疏散距离和宽度等一系列不确定性的问题。

主装置区建筑消防设计的主要策略和方法：一是结合大装置设备的工艺流程的实际情况进行消防性能化评估，二是在参考现时国际和国内类似的大科学装置基础上进行建筑消防设计。

在消防性能化设计中，确定消防设计要达到的安全目标，选择相对应的防火措施，构成主装置区建筑总体防火设计方案。

主装置隧道内安装有磁铁、加速腔、波导、真空设备、束测设备以及相应的支架等，主要由金属、环氧树脂、陶瓷等材料组成，均为不燃或阻燃材料。同时，在隧道侧墙敷设有管道阀门、电缆等管线。在 CSNS 设备运行期间，隧道内将处于负压状态，以及不同程度的放射剂量和空气活化环境下，禁止人员进入。在停机后，需经过一定时间的衰减延时，并置换隧道内的空气后，人员方可进入隧道。在停机检修期间，隧道内会有一定数量的安装维修人员进行设备检修、测试。考虑隧道层及地下涉放工艺区域内工艺使用的要求以及设备的连续性，将整个总长度达到 600 多米隧道，分为三个防火分区，未按照《建筑设计防火规范》中"1000m² 一个防火分区"的要求划分防火分区。同时由于在运行期间产生辐射，不允许人员进入，不存在人员疏散的要求，故在设计中也未考虑疏散距离的要求。

考虑到部分设备的重要性以及特殊使用环境，变配电室、电源厅、靶站大厅、谱仪大厅等工艺用房装设吸气式感烟火灾探测报警系统，提高火灾报警的灵敏度及反应时间。由于建筑内电缆较多，配电及工艺的主干桥架内均设置感温电缆，可及时对因电缆过热引起的火灾进行预警。

主装置区设备楼内有工艺装置的大量电器设备，不宜采用自动喷淋灭火系统，又因为工艺装置的要求无法采取防火隔离，因此也不宜采用气体灭火系统。针对上述特殊要求，在此区域内设室内消火栓系统及配置移动式（推车式）灭火器。

7.3 建筑核辐射防护
Nuclear Radiation Protection of the Building

辐射防护主要包括时间、距离和屏蔽三种方法，由于中子源大多数固定不动，辐射防护最理想的方法是屏蔽。各类辐射中主要有 α、β、γ、x 射线和中子射线。其中，α、β 射线穿透力弱，容易被吸收，一般厚度的防护材料就能屏蔽，从防护的角度来看，可以忽略。因此，在设计中最重要的是考虑对 γ、x 射线和中子射线的屏蔽。

散裂中子源主装置是一台高能强流质子加速器驱动的强中子源装置，它存在两大辐射源，即瞬发辐射和剩余辐射。而辐射防护设计主要目的是采取有效措施，使各种危害因素降到尽可能小，从而保证工作人员安全与健康。主装置区建筑的核防护形成一个完整的屏蔽系统，为人员可以到达区域辐射剂量不大于 2.5uSv/h。辐射防护设计合理布置了卫生通道、卫生闸门，使工作人员走的路线与放射性物质转移路线严格分开，避免了交叉沾染。

主装置区建筑的核辐射防护建筑设计包括以下几个方面：

(1)按照《电离辐射防护与辐射源安全基本标准设计基准》有关规定划分核辐射防护区域，将主装置建筑划分为监督区、控制Ⅰ区和控制Ⅱ区三个区域。监督区内工作人员可全日停留，控制Ⅰ区内工作人员可限时停留，控制Ⅱ区内工作人员禁止进入。

(2)屏蔽体分为固定和活动两种形式，采用铁、重混凝土等多种材料组成。根据核辐射防护要求，确定核辐射防护的组合方案，进行土建设计。

(3)设置人员出入口和设备材料吊装口部的核辐射防护迷宫。

(4)按照主装置设备的工艺要求，进行主装置建筑中的特殊使用空间核辐射防护的土建设计，如靶站建筑中的热室等。

(5)设计核辐射防护的建筑构造节点。

7.4 建筑结构技术
Architectural Structure Technology

针对实验工艺对土建工程提出的各种高精尖要求和场地条件的诸项不利条件，结构设计总结过往的设计和施工经验，提出了多个有效的解决方法，并对此进行了深入研究。

(1)地下室底板环氧树脂硬化滑动层

对于搭载放射性装置的隧道，其隧道竖向变形需要严格控制，因此隧道的底板往往需要直接放置在较完整的中风化或微风化岩层上。当混凝土发生收缩徐变或施工时温度产生较大变化时，隧道由于底板的强大约束，收缩、温度引起的变形无法释放，导致隧道底板及隧道侧壁出现大量的横向裂缝。这些大范围的裂缝严重影响隧道的防水及防辐射效果。

有效的解决方法是找出一种合适的层状构造做法，用于搭载放射性装置的隧道底板底面与岩石基面之间，能够隔离地下水、减小摩阻力，同时具有较大竖向刚度，从而同时解决隧道底板的抗裂、防水、防辐射、防沉降等问题。

用于释放放射性装置底板与基础间摩擦力的层状构造，包括自下而上分层设置的混凝土垫层、复合材料涂层以及混凝土面层，混凝土垫层铺设在放射性装置隧道的基坑基础上，混凝土垫层和复合材料涂层之间涂覆一层界面剂，保证混凝土垫层和复合材料涂层之间的黏接，混凝土面层涂刷在复合材料涂层上，保证钢筋绑扎时不对复合材料涂层造成损伤，混凝土面层与核设施隧道的

底板相接触，层状构造通过设置的复合材料涂层来释放放射性装置隧道与基坑基础之间的摩擦力。

其中层状构造设置有复合材料涂层，彻底解决了需分次浇筑超长放射性装置隧道，由于底板约束过强导致的混凝土收缩裂缝、温度变化引起的裂缝，同时解决了底板混凝土开裂引起的地下水渗漏及对周边土体地下水放射性污染的问题。

(2)后浇式变形装置及其施工方法

对于搭载放射性装置的地下隧道，普通后浇带无法完全实现释放温度应力，防止隧道开裂的目的，伸缩缝更是无法满足其辐射防护的需要。

工程中承载放射性装置地下隧道长度超长，需要设置伸缩缝，但同时由于辐射防护需要，不能设置通缝，由于使用环境恒温恒湿要求，不能简单留设迷宫型伸缩缝。

(3)屏蔽强辐射的普通混凝土回填技术

迄今为止人类用于防护各种射线的防护材料有铅板、铁板、钢板、铅玻璃、聚合物、水和混凝土等，其中，混凝土是目前使用最为广泛的射线防护材料。

屏蔽强辐射的普通混凝土回填技术是在辐射源与安全区之间的空间内回填混凝土，辐射源与安全区的结构可采用钢筋混凝土结构、钢结构等常规的结构形式，不受回填形式的影响。回填混凝土与主体结构之间采用12cm砖墙隔开，由于砖墙的强度较低，砖墙起了诱导缝的作用。当回填混凝土收缩时，将砖墙拉裂，收缩裂缝有规律地引导至砖墙处，使得回填混凝土的收缩不会影响到主体结构，使得主体结构的结构形式不受回填混凝土的影响。

本技术最大优势是成本低廉，由于重混凝土的材料成本是普通混凝土的50倍，但同等厚度下，重混凝土的辐射屏蔽效果却达不到普通混凝土的50倍，通过增大混凝土厚度来屏蔽强辐射，是最经济且可靠的做法。

(4)超大型的防辐射屏蔽结构

针对不同种类的辐射，不同防护材料具有不同的防护效果。在散裂中子源项目的靶站单体中，靶心前端即加速器末端位置，是一段长度24m的室内隧道段，其主要辐射类型为质子束线产生的 γ 射线和 x 射线，轰击靶心后产生的中子射线则仅有部分角度有所涉及。

此段隧道由于位于加速器末段，靶心前端，所以束线能量最大，辐射剂量也最大，同时，隧道已经进入靶站单体内部，周边与隧道其他段不同，不是回填土，而是靶站实验空间，顶部为顶部大厅，两侧是谱仪大厅，这就对于此段隧道的辐射防护提出了更高的要求，既要辐射防护的屏蔽效果要求更高，又要辐射防护层占用的

① 靶站设备楼

①

① 靶站设备楼

空间尽可能小，将宝贵的空间留给谱仪实验线。

根据辐射防护专业提供的条件，确定了此段隧道的侧壁由 1～1.25m 厚的铸钢块加上 2.5～3m 厚普通混凝土组成，与靶心连接位置部分普通混凝土替换为重混凝土，形成了超大型的防辐射屏蔽结构。

(5)强辐射束线末端废束站及其施工方法

在各种粒子加速器装置的中段或末端，通常都设置有废束站，用以在调试束线阶段及加速器使用阶段回收不需要使用的束线。废束站在工作时束线所有能量集中加载在废束站内，所以废束站的辐射剂量是整个装置当中最大的，而且废束站的能量是短时间内加载，废束站内核的瞬时温升非常高，同时内核的温度变化很大，屏蔽外壳与内核之间除底面之外五个面必须预留变形空隙，避免内外温差引起屏蔽外壳崩裂，本技术的研究目的在于选择合适的材料和构造方法，制作废束站内核和屏蔽外壳，外壳与内核之间设置合适的空隙，同时满足辐射防护和防水的要求。

采用铸钢块分层叠合焊接形成屏蔽主体，底部设置抗震抗滑移锚栓与混凝土基础连接，外部混凝土外罩除底面外五个面与内部铸钢屏蔽主体脱开 20mm，采用专门设计的型钢内支撑免拆模板浇筑四周侧壁以及预制叠合现浇顶板，解决了铸钢屏蔽主体在工作状态热量大量积聚，温升和体积膨胀量较大，混凝土外罩温度应力过大开裂的技术难题。通过型钢免拆模板和预制现浇分层顶板的方式解决预留外壳与内核的温度变形空隙的留设。

(6)跨越破碎带的岩质地基加固做法

本项目对于基础沉降变形有超出规范的更高标准要求，完工后年不均匀沉降每 100m 不大于 0.2mm。为此，整条加速器隧道基础尽可能布置在微风化基岩面甚至新鲜基岩面，但是，由于本项目主装置区隧道总长度逾 600m，原始地貌跨越多个山头，地质条件比较复杂，在设置环氧树脂滑动层的直线隧道段以及 RTBT 隧道段，分别有多道破碎带通过。在基岩破碎带位置，基岩挤压变质呈泥状，承载力和刚度较正常微风化基岩突变明显，破碎带宽度从 1～6m 不等。

为了满足高标准要求，设计出了能够抵抗不均匀沉降，同时不影响释放基底伸缩变形约束的跨越破碎带岩质地基加固做法，并根据破碎带不同宽度和上部结构不同的荷载，分别采用微型钢管桩加固、冲孔灌注桩加固、桥式结构垫层托换等，且各种方法均与地下室底板环氧树脂硬化滑动层有机结合，有效解决了承载放射性装置的地下结构的高精度不均匀沉降要求，同时兼顾了超长地下结构的抗裂防水需要。

(7)超长、异形地下结构的设计、施工全过程仿真分析和设计方法

为了解决超长、异形地下结构在施工阶段和使用阶段因温度变形导致的混凝土开裂问题，特别在施工之前，设计单位与施工单位通力合作，根据实际施工计划的分段形式、施工顺序、施工时的气候条件和养护方案、拟选用的混凝土配合比等各种因素，对主装置区的地下结构从混凝土浇筑、养护直到使用阶段的全过程的混凝土结构内部温度应力分布状况进行全面仿真分析，希望可以找到混凝土结构开裂风险最高的位置，然后有针对性地采取措施进行保护，提高混凝土的浇筑质量。

在设计阶段，利用 Midas/Gen 软件中的水化热分析模块，将隧道进行建模分析，此阶段的仿真分析，可以通过多次试算对比，提出施工分段位置及水平施工缝留设方案等建议。在施工阶段，以设计阶段的施工分段和水平施工缝留设方案为基础，结合现场实际情况和具体施工组织计划等因素，调整为具体拟实施的施工分块分段顺序。再加上按照拟采用的混凝土配合比实验出的实际水化热和强度曲线，以及实际施工时的天气条件和养护方案，反向重新输入原设计模型中，对施工阶段混凝土结构的整体温度应力进行相对精确和真实的全面仿真分析，可以对混凝土配合比及养护方案等因素对比分析优选，最后还可以根据仿真分析的结果对土建设计的结果进行针对性调整，补充防裂措施，如增加配置抗裂钢筋、设置倒角减小应力集中等。

(8)靶站结构设计

靶站工艺极其复杂，靶站建筑结构设计难点包括：靶心钢套筒安装、地下室水处理间不锈钢包衬设计、热室及靶心的重混凝土设计及浇筑方案、铸铁屏蔽块的布置方案、重混凝土盖板设计、靶心外侧屏蔽块设计、谱仪屋盖大跨度钢桁架及桁架腹间设备用房布置、氢气间防爆设计等。

7.5 建筑信息模型（BIM）技术
Building Information Modeling (BIM) Technology

中国散裂中子源项目的主装置区因其功能、空间、工艺设备等多方面的复杂性与特殊性，对设计、施工、维护管理均提出了巨大的挑战。建筑信息模型（BIM）技术对于复杂项目有显著的优势，将 BIM 技术综合应用于该项目的全生命周期，提高设计的质量，辅助施工，并根据业主在运维阶段的要求进行拓展性研究，使项目的各环节顺利推进，并在质量与效率方面均有提高。

散裂中子源主装置区的 BIM 技术综合应用包括以下几个方面：

（1）设计阶段的BIM应用：通过多专业（包括常规专业与工艺设备）的三维可视化协同设计，建立全专业整体BIM模型，提前发现专业间的冲突，对各类型设备管线进行精细化的综合排布与精确定位，对复杂的建筑构造节点进行三维定位和构造研究。

（2）施工阶段的BIM应用：通过三维可视化的BIM模型辅助施工，使项目各参与方的沟通与协作效率有极大的提升，有效地配合施工工序、装配流程等决策，在施工难点建立动态模拟，预警施工风险，同时记录施工变更，完成竣工模型。

（3）运行维护阶段的BIM应用：BIM模型将各种设备及管线的信息记录下来，再按业主的使用需求进行信息的整理，并通过软件开发，定制BIM运维管理系统，通过可视化、信息化的BIM技术，使项目建成后的运行维护更加简单高效，对于隐蔽工程、放射性空间的维护尤其有利。

7.6 主装置地下隧道防水技术
Underground Tunnel Waterproof Technology of the Main Installation

工程项目场地是山坡，地势南高北低，南面为最高高差达80m的岩质边坡，且岩体裂隙发育完好，地下水含量非常丰富，特别是雨季，地下结构防水压力非常大。而散裂中子源的主要核心部分——主装置区就位于场地南侧，紧邻南侧大边坡坡底，使本项目的防水设计成为一大难点。

主装置隧道的墙体及顶板、底板除了作为围蔽结构提供加速器设备所需的空间，挡土挡水以外，还需要屏蔽设备运行时产生的辐射，防止对周边环境及人员造成不利影响。

除了隧道的防水有特别高的要求外，出于辐射防护的考虑，对防水的可靠度和耐久性又提出更高的要求，需要确保没有水渗入隧道内，且防水材料和措施的有效期要保证与结构混凝土同寿命。

采取设置隧道外侧隔水空间的防辐射刚性自防水构造做法，确保了防水措施的可靠性和耐久性。将所有有可能发生渗漏水问题的外围结构，全部采用双层结构，其中外层结构为挡土防水结构，提供挡土防水作用，防止水土进入隧道内部；内侧为防辐射结构，防止辐射泄漏到隧道以外；内外层结构之间为隔水空间，设置排水沟、集水井，需把穿过外侧结构渗透进来的水及时收集起来，经过检测无活化风险，达到排放标准后集中排放至市政雨水管网。

隧道外侧隔水空间的防辐射刚性自防水构造的防水

性能，不依赖于外侧防水罩和内侧地下结构本体的防水效果，可有效克服混凝土收缩、徐变、水化热等对于结构防水效果的影响，同时也不受卷材搭接、涂料涂抹、金属板焊接等防水材料施工质量的影响，也没有普通疏水措施的堵塞风险，可靠度非常高。

对于隧道的顶板，在普通防水做法的基础上，增设找坡要求，在找坡层上覆盖压型钢板作为导流槽模板，导流方向垂直于隧道长向，在压型钢板之上浇筑250mm厚钢筋混凝土防水板，防水板与外层挡水侧壁连接，连同隔水底板形成一圈完整的封闭隔水罩，隔水罩与隧道结构之间形成封闭完整连通的隔水空间。

另一种隧道防水的有效构造做法是内嵌金属止水板的大体积混凝土防辐射自防水侧壁。结合结构自防水需要，通过设置整片式金属止水板，将大体积混凝土沿厚度方向进行分层浇筑，这样大体积混凝土的厚度方向的尺寸降到大体积混凝土的临界尺寸以下。分层分段浇筑后，每段混凝土浇筑时混凝土的体积较小，水化热总量较小，两侧与空气接触面积与整体浇筑相比相同或更大，混凝土与周边空气热交换更加充分。这样，大体积混凝土内部温度应力得到有效降低，而且混凝土侧面布置了自上而下整片金属止水板，结构自防水可靠度大为提高。

7.7 建筑电气智能化
Electric Intelligence

散裂中子源项目电气变压器及高压直接供电设备安装总容量为58620kVA，园区内设置一座110kV/10kV总变电站，总变电站内要求设置不少于两段来自不同高压电网供电变压器的10kV母线段。园区各主要变电所采用两路10kV高压供电，分别引自总变电站的两个母线段，两路电源同时工作，互为备用。同时，为保证在运行期间，对进线电源线路进行不断电切换，系统允许在安全情况下短时并列运行，之后再及时断开其中一路进线开关，由另一路电源提供所有负荷。

另一方面，考虑到园区实验停机时，主装置区用电负荷较小，仅有少量的检修维护用电，变压器负荷率很低。设计时，在各设备楼变电所之间设置了低压备用进线开关，方便低负荷运行模式时，在保证供电安全及质量的前提下，由RCS设备楼变电所的变压器统一为主装置区其他设备楼提供维护用电，降低变压器损耗。

主装置区隧道、靶心等区域带有一定的放射性，为控制放射区域内放射性物质外泄，对电缆的敷设提出了很高要求。所有进出涉放区域的电气管道必须采用防辐射预埋件，或在混凝土墙中采用"迷宫"敷设，并进行防火及防辐射密闭封堵处理（射线在反射和折射后衰减

① 热室工作间

①

很大，采用"Z"字形埋管能有效减少辐射泄露）。同时，由于电气、工艺及控制线缆数量特别巨大，功能类型多样、电压等级也有很大差别。在设计时，各设备楼、隧道等区域均设计了多层桥架，按用途、电压等级对电缆进行分类敷设，并反复核算电缆及桥架的拐弯半径，同时用切割剖面及运用BIM技术对桥架及其他设备管线进行管线综合设计。

火灾自动报警系统采取"集中控制、分区管理"的监控模式，在综合实验楼设消防总控制室，在各主要设备楼设消防分控室，根据现场实际情况，运用多种探测技术进行火灾探测报警。

对于一般非涉放场所，采用传统烟温感探测器、感温电缆；对于高大空间非涉放区域，根据建筑布局及现场情况，采用线型光束感烟探测器或吸气式火灾报警系统（空气采样）。对于有放射性物质产生的"涉放"隧道区域，火灾报警探测设备采用吸气式火灾报警系统（空气采样）。

7.8 暖通空调系统防辐射设计
Radiation Protection Design of Heating Ventilation Air Conditioning

中国散裂中子源工程项目对暖通空调设计的要求很高。由于要考虑到整个装置运行时会有放射性物质产生，存在涉放区域已被放射物质污染的空气外泄的风险，所以整个项目在暖通空调的可靠性、密闭性、辐射防护、负压梯度控制、污染气体排放等防辐射方面做了充分的考虑。

暖通空调系统防辐射设计难点有以下几个方面：

(1)工艺设备安装较为集中、散热量较大，且在直线加速器、RCS、隧道和靶站等工艺区有活化气体和腐蚀性气体产生，放射性物质在室内的扩散量和向外环境的排放量需控制在合理要求范围内。

(2)对各区域负压梯度必须进行有效的控制。按放射性强弱分区，且各区之间保持不同的负压，即形成由直线、RCS到靶站的固定负压梯度，确保空气流动方向由非污染区到污染区、从低污染区到高污染区，防止放射性空气的泄漏。

(3)进出涉放区域的风管应满足辐射防护要求。

(4)涉放风管及风阀采用的形式需满足耐辐照及零泄漏的要求。

(5)涉放空调器及涉放风机的设计计算选型非常麻烦，同时也要满足耐辐照及零泄漏的要求。

(6)避免核级高效过滤器中涉放过滤器维护更换的二次污染防护。

为达到设计目标，针对暖通空调系统防辐射设计难点，设计中采用了以下的解决措施：

(1)为保证放射区域中达到一定洁净要求，减少排风中放射性污染物的处理量，对各放射区域的新风须经高效过滤器处理。而放射区区域的排风也经一级涉放高效过滤器处理后，高空排放。

(2)新、排风量均采用变频控制，并且运用先调新风量后变排风量的控制逻辑，通过计算机模拟，合理设计负压控制所需的风量。通过可靠的控制系统，动态调节运行状态下各区域的负压梯度。

(3)加速器隧道分为两种空调运行工况：正常运行工况与大风量过渡通风工况。正常运行工况下，隧道内各区域启用循环风系统，用以去除空间内的热湿负荷，对湿负荷较大的通风空调系统设置二次回风及电加热专职满足隧道内的温湿度要求。新风系统在正常运行工况下关闭，各区域排风系统根据负压要求调整排风量。大风量过渡通风工况下，循环风系统关闭，开启新风系统与排风系统。

(4)考虑射线在反射和折射后衰减很大，进出放射区域的风管均采用"迷宫"加覆土的方式进出涉放区域，有效减少辐射射线外漏。而风管迷宫则多采用"Z"字形和"U"字形预埋风管敷设，且转弯长度和半径均需进行辐射防护计算，满足辐射防护要求。

(5)涉放风管采用厚壁不锈钢圆管，密闭风阀采用不锈钢材质的核级风阀，以满足耐辐照及零泄漏的要求。

(6)涉放空调器选型均经过详细的空气处理过程计算，并采用全不锈钢密封结构，且表冷器可独立更换。而涉放风机的风压均经过详细管道阻力计算，并采用干气密封的轴封。

① 层层防护的热室（有机铅玻璃防护观察窗）

中国散裂中子源建设大事记

Milestones of Building of China Spallation Neutron Source

2000 年 7 月

向国家科技领导小组提交的"中国高能物理和先进加速器发展目标"报告，提出建设中国散裂中子源。

2005 年 7 月

国务院科教领导小组原则批准散裂中子源项目，包括 1 台 80MeV 负氢离子直线加速器、1 台 1.6GeV 快循环质子同步加速器、两条束流运输线、1 个靶站、3 台中子谱仪及相应的配套设施和土建工程。

2006 年 1 月

中国科学院启动中国散裂中子源关键技术的预研。

2007 年 2 月

中国科学院与广东省签订共建散裂中子源协议，由中国科学院与广东省共同建造，中国科学院高能物理研究所为项目法人，中国科学院物理研究所参建。

2008 年 9 月

国家发改委批复中国散裂中子源项目建议书。

2009 年 9 月

广东省建筑设计研究院中标中国散裂中子源工程项目设计。

2010 年 5 月

中国散裂中子源项目规划报建、单体批复。

2011 年 2 月

国家发改委批复中国散裂中子源项目可行性研究报告。

2011 年 5 月

在北京召开由中国科学院组织的中国散裂中子源项目初步设计报告评审会，通过初步设计评审。

2011 年 10 月

项目在广东省东莞市大朗镇举行工程开工奠基仪式，中共中央政治局委员、国务委员刘延东，中共中央政治局委员、广东省委书记汪洋，中国科学院院长白崇礼等领导出席，刘延东在奠基仪式上讲话。广东省委常委、常务副省长朱小丹出席开工奠基仪式并致辞。

2012 年 5 月

广东省建筑设计研究院完成全部土建施工图纸。

2012 年 5 月

土建工程建设。

2013 年 7 月
中共中央总书记、国家主席、中央军委主席习近平考察了中国散裂中子源建设单位中国科学院高能物理研究所。高能物理所所长王贻芳院士向习主席作了汇报，习主席了解了该所在粒子物理、先进加速器技术、先进射线技术领域的发展成就和建设世界级科研中心的计划，关注中国散裂中子源工程建设情况。

2014 年 10 月
设备安装与测试。

2017 年 8 月
中国散裂中子源首次打靶成功并获得中子束流。

2017 年 11 月
首轮加速器和靶站谱仪的联合调试，功率达到 10kW。

2018 年 1 月
陈和生院士成功当选中央电视台 2017 年度科技创新人物。陈和生院士领导了中国两项大科学装置的建设：领导北京正负电子对撞机重大改造工程和担任中国散裂中子源项目总指挥，使中国加速器和探测器技术实现重大跨越发展。

2018 年 3 月
通过了中国科学院组织的工艺测试鉴定和验收，正式对国内外各领域用户开放。

2018 年 4 月
第一篇用户实验科学成果文章在 Nano Energy 发表。

2018 年 4 月
通过设备专业组验收；通过财务、建安和档案专业组验收。

2018 年 8 月
通过由国家发展改革委委托中国科学院组织的国家验收，投入正式运行。中国科学院院士、中国散裂中子源工程总指挥陈和生出席国家验收会议。

2018 年 8 月
央视网—CCTV-13 新闻直播间报道：中国散列中子源通过由国家发改委组织的国家验收，投入正式运行，并使中国成为美国、日本、英国之后世界上第四个拥有散裂中子源的国家，为国内外科学家提供了一个世界一流的中子科学综合实验平台。

参考文献
References

[1] 武一. 中国大郎散裂中子源经济影响评估 [M]. 中国时代经济出版社，2011.

[2] 武一. 珠江三角洲地区经济发展研究报告 2010[M]. 中国时代经济出版社，2010.

[3] 中国建筑标准设计研究院. 全国民用建筑工程设计技术措施 规划·建筑·景观 [M]. 中国计划出版社，2016.

[4] 东莞市委政策研究室. 东莞转型 [M]. 人民出版社，2010.

[5] 韦杰. 中国散裂中子源简介 [J]. 现代物理知识，2007，6.

[6] 孙礼军，廖雄，潘志伟. 国家大科学装置建筑总体布局及建筑设计探析 [J]. 新建筑，2015，3.

[7] 孙礼军，伍瑶熙，杨远丰，廖雄. BIM 技术在中国散裂中子源项目中的应用 [J]. 建筑技艺，2014，2.

[8] 代希奎. 散裂中子源在粤开建 [N]. 广州日报，2011-10-21:A1 版.

[9] 孙礼军，廖雄，潘志伟. 特殊科研用地总平面设计探讨 [J]. 规划师，2015，11.

[10] 孙礼军，潘志伟，廖雄. 中国散裂中子源工程总平面规划及主装置区建筑设计 [J]. 南方建筑，2014，6.

[11] 中国科学院高能物理研究所. 中国散裂中子源 [C]. 宣传资料.

[12] 陈星，李欣. 中国散裂中子源土建工程设计关键技术研究报告 [C]. 广东省建筑设计研究院科研资料.